计算机类专业教学用书

人工智能应用基础

主　编　贾艳光　李宗远

副主编　郭文武　廖天强　李伟昌

中国教育出版传媒集团

高等教育出版社·北京

内容简介

为满足国家人才培养的需求，紧跟新技术发展趋势，并考虑到职业院校的现状，本书选取适合职业院校学生的人工智能相关教学内容，培养学生对人工智能技术的基本认知和实操能力。

本书第一部分以身边的人工智能开篇，选择贴近职业院校学生，贴近课堂，贴近学校的人工智能内容，通过三个项目让学生认识人工智能，体验人工智能技术；第二部分以人工智能历史和发展、人工智能和人类智能的关联、人工智能的生态圈为主题，让学生体验并参与人工智能技术的实践应用；第三部分从人工智能语音和图像识别、自然语言处理等方面带领学生深入人工智能技术在各个领域的应用，进行实际操作。一个项目重点解决一两个问题，难点分散，易于入门和自学。

本书适合作为职业院校人工智能专业，或电子与信息大类专业，以及相关专业与人工智能技术相关课程的教材，也可作为相关工程技术人员的参考书。

图书在版编目（C I P）数据

人工智能应用基础 / 贾艳光，李宗远主编. -- 北京：高等教育出版社，2024.1

ISBN 978-7-04-061321-6

Ⅰ. ①人… Ⅱ. ①贾… ②李… Ⅲ. ①人工智能 Ⅳ. ①TP18

中国国家版本馆 CIP 数据核字（2023）第 213613 号

人工智能应用基础

Rengong Zhineng Yingyong Jichu

策划编辑	陈 莉	责任编辑	陈 莉	特约编辑	张乐涛	封面设计	赵 阳
版式设计	杨 树	责任绘图	裴一丹	责任校对	窦丽娜	责任印制	沈心怡

出版发行	高等教育出版社	网　址	http://www.hep.edu.cn
社　址	北京市西城区德外大街 4 号		http://www.hep.com.cn
邮政编码	100120	网上订购	http://www.hepmall.com.cn
印　刷	涿州市星河印刷有限公司		http://www.hepmall.com
开　本	889 mm × 1194 mm　1/16		http://www.hepmall.cn
印　张	12.75		
字　数	190 千字	版　次	2024 年 1 月第 1 版
购书热线	010-58581118	印　次	2024 年 1 月第 1 次印刷
咨询电话	400-810-0598	定　价	36.50 元

在国家大力推进人工智能发展的大背景下，职业教育的发展也必然和人工智能紧密相关。为满足国家人才培养的需求，紧跟新技术发展趋势，并考虑到职业院校的现状，本书选取适合职业院校学生的人工智能相关教学内容，培养学生对人工智能技术的基本认知和实际操作能力。

本书第一部分以身边的人工智能开篇，选择贴近职业院校学生，贴近课堂，贴近学校的人工智能内容，通过三个项目让学生认识人工智能，体验人工智能技术；第二部分以人工智能历史和发展、人工智能和人类智能的关联、人工智能的生态圈为主题，让学生体验并参与人工智能技术的实践应用；第三部分从人工智能语音和图像识别、自然语言处理等方面带领学生深入人工智能技术在各个领域的应用，进行实际操作。一个项目重点解决一两个问题，难点分散，易于入门和自学。

为将人工智能技术的基础知识以更恰当的方式呈现给读者，本书以纸质教材展现内容体系，配套重点和难点视频、教学课件等数字资源，形成"理论-实践-操作"为一体的新形态教材。基本知识内容精练、深入浅出；在介绍知识的同时，突出体验、实践，引导读者系统地认识人工智能，力图培养学生的人工智能伦理观念和人工智能思维方法。数字资源内容丰富，多方位引导学生自主学习，并方便教师更加自如地组织教学的各个环节。请登录高等教育出版社 Abook 新形态教材网（http://abook. hep. com.cn）获取相关资源，详细使用方法见本书最后一页"郑重声明"下方的"学习卡账号使用说明"。

本书适合作为职业院校人工智能专业，或电子与信息大类专业，以及相关专业与人工智能技术相关课程的教材，也可作为相关工程技术人员的参考书。

本书由贾艳光、李宗远担任主编，由郭文武、廖天强、李伟昌担任副主编，刘晓彤、方敏、冯俊华、马敏敏参与了本书的编写工作。感谢北京百度网讯科技有限公司、广州万维视景科技有限公司和北京旷视科技有限公司相关企业专家在本书编写过程中给予的大力支持。

信息技术的发展日新月异，由于编者水平有限，书中难免存在一些疏漏和不足之处，恳请广大师生提出宝贵意见，以便我们修改完善，读者意见反馈邮箱：zz_dzyj@pub.hep.cn。

编者

2023 年 6 月

目录

人工智能新时代

人工智能（Artificial Intelligence，AI）给社会带来了巨大变革，一提到人工智能我们往往存在着"云深不知处"或者"只缘身在此山中"的印象。身边的人工智能应用已经让我们对人工智能新时代有了直观、形象的认识，使我们逐步习惯一种新的生活范式，一种新的与数据打交道的模式，一种发现新数据的模式。

◆ **情境导入**

　　人工智能使得生活便捷高效，让我们有更多的时间体验生活的乐趣。人工智能的产品和服务已经深入我们生活的方方面面，甚至可以说我们的生活已经离不开人工智能的帮助。

一、 居家生活的人工智能

　　回家时，智能门锁（如图 1.1 所示）通过摄像头认出家人，打开了门。灯光、窗帘、空调等都按照家人的喜好开始运作。为了准备第二天的学习、生活，我们对手机的智能语音助手说"嗨，请帮我定明天早上6 点的闹钟"，如图 1.2 所示，第二天手机就会按时响铃，并提示户外天气情况，推荐出行方式。

图 1.1　智能门锁　　　　　　　图 1.2　智能语音助手

二、 旅途中的人工智能

等公交车的时候，智慧公交手机应用已将下一班公交车的信息推送到手机上，"距离下一班公交车还有 2 分钟"，如图 1.3 所示。看到了路边的花已经盛开，只要打开手机拍摄花朵，打开智慧辨识功能，就能够识别出花的品种，随即该花的相关信息也显示出来，如图 1.4 所示。公交车上，智慧公交手机应用提示路况很好，到达学校只要 15 分钟，正好可以听一段中华诗词赏析。

遇到来访的游客，听不懂对方语言，打开智能翻译，如图 1.5 所示，呈现翻译结果。

三、 智慧校园中的人工智能

照照学校的智能衣冠镜，就能得到着装评价，如图 1.6 所示。把空牛奶盒带到垃圾桶前，垃圾桶"看"到盒子，"可回收"垃圾桶点亮，如图 1.7 所示。扫地机器人遇到行人后，绕开行人继续工作，如图 1.8 所示。

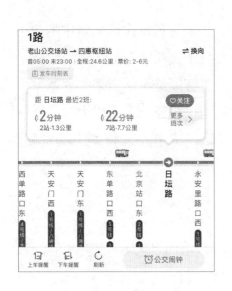

图 1.3 智慧公交手机应用

图 1.4 植物识别

图 1.5 智能翻译

图 1.6　智能衣冠镜　　　　　　　　图 1.7　智能垃圾桶

图 1.8　扫地机器人

◆ **学习目标**

（1）熟悉人工智能在家居、旅途、校园等日常生活场景中的应用。

（2）掌握当前人工智能发展的主要技术领域。

（3）能够运用人工智能平台体验人工智能给生活带来的变革。

（4）体验人工智能在艺术领域的应用，提升艺术感受力。

（5）树立正确的智能社会发展意识，运用人工智能工具发展创造力。

◆ **相关知识**

在上述的生活场景中，人工智能已经在默默地为我们服务了。智能门锁识别人脸采用基于人工智能深度学习（Deep Learning）的图像识别技术；对着手机说话就能设定好第二天的闹钟和提醒，使用了基于人工智能深度学习的语音识别与处理技术；我们能深切感受到"使计算机模仿人类智能的技术"就是人工智能。深度学习是机器学习的子集，而机器学习也是人工智能的子集，三者的关系如图 1.9 所示。

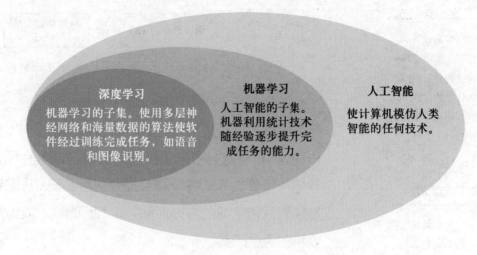

图 1.9　深度学习与人工智能的关系

人工智能图像识别技术不是凭空产生的，最初是根据一些医学研究人员的实践，结合计算机程序对相关内容进行模拟并予以实现的。在人类看到物体时，人类不只是结合存储在脑海中的图像记忆进行识别，还利用图像特征对其分类，再利用其类别特征完成识别。计算机图像识别的基本原理与人类识别图像基本类似，对图像重要特征进行分类和提取，有效排除无用的多余特征，进而使图像识别得以实现。

当前人工智能技术中基于神经网络的图像识别技术研究比较深入和广泛。基于神经网络的图像识别是以传统图像识别方式为基础，有效融合神经网络算法的技术。人工神经网络，是采用人工模拟动物神经网络方式的一种数字模型。基于神经网络的图像识别技术可用于人脸的识别，若有人从识别位置经过时，检测设备（如智能门锁、门禁考勤等）启动图像采集装置，获取人脸的特征图像。

基于人工智能深度学习的语音助手也在不断完善，它的三个主要功能"听懂""理解""回答"对应三类技术：语音识别（ASR）、自然语言处理（NLP）以及语音合成（TTS）。

语音识别指的是机器将语音转换成相应的文本信息，自然语言处理则是理解文本信息所要表达的意思（语义），语音合成是将文本信息转换成语音，语音助手的工作流程如图 1.10 所示。

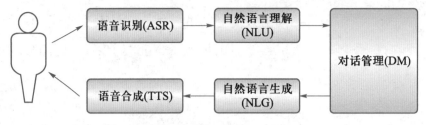

图 1.10 语音助手的工作流程

提示

需要特别说明的是，生活中给人以"自动""智能"等认知的技术，并不是都属于本书所说的"人工智能"。

讨论与交流

全自动洗衣机是人工智能吗？

智慧公交手机应用通过人工智能预测道路交通情况，提供便捷的出行方式助力低碳生活。自然语言处理让我们可以听懂地方语言或其他的语种，为日常旅行带来了极大的便利。校园里的智能清扫、智能衣冠镜、智能垃圾分类等从各个细节提升生活品质。从家到校园，人工智能已经影响到我们生活的方方面面，人工智能技术成为提高生活、学习和工作效率的重要工具。

体验实践 ┈┈ **人工智能创作**

对于美的追求与赏析是人类永恒的追求，人工智能在艺术创作方面也提供了一个感受并创造美的途径。

人工智能正处于从"不能用"到"可以用"的技术拐点，距离"很好用"还有一定的距离，不过在实际应用中已经能带来很好的体验。

任务 1 体验人工智能诗词创作

唐诗宋词是中华文化的瑰宝。诗词是阐述心灵的文学艺术，而诗人、词人则需要掌握成熟的艺术技巧，并按照严格的韵律要求，用凝练的语言、充沛的情感以及丰富的意象来高度集中地表现社会生活和人类精神世界。人工智能在诗词创作方面已经实现了较大的突破。

在搜索引擎中输入"人工智能 诗词"找到相关的人工智能平台，输入想要表达的中心词汇，选择想要表达的诗词形式，即可获得相应的人工智能创作的诗词。

AI诗词创作流程如下。

① 在搜索引擎中输入"人工智能 诗词"。

② 选择一个排名靠前的人工智能诗词网站。如"诗三百·人工智能在线诗歌写作平台""九歌——人工智能诗歌写作系统"等,如图1.11所示。

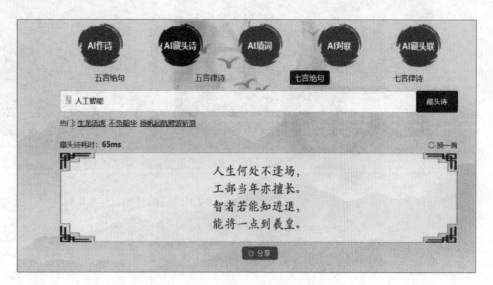

图 1.11　人工智能诗词创作网站

③ 尝试选择 AI 藏头诗,输入"人工智能",生成诗词。

如果感觉不满意,还可以重新生成,直至生成一首满意的藏头诗。

任务 2　欣赏人工智能绘画

通过人工智能技术可以完成图画加工,甚至使其具有一定的艺术特点。其实我们在使用手机的拍照应用时就可以感受到人工智能技术在图像处理方面的强大功能。艺术家借助人工智能的帮助,艺术创造力可以更加高效地展现出来,创作出更多的艺术作品。

在搜索引擎中输入"AI 油画生成",在相关的搜索结果中就会呈现大量相关的内容。可以选择排名靠前的网站,拍摄或者查找一张希望艺术化的照片或者图片,进行输出呈现。一张牡丹花的照片,使用相应的 AI 技术进行艺术化后,效果如图 1.12所示。

具体操作流程如下。

① 在搜索引擎中输入"AI 油画生成"。

② 选择一个相关的网站。

图 1.12　人工智能图片艺术化

③ 在页面中选中"从相册中导入图片"，注意图片的要求已经在页面上提示，人像、物体或风景都可以。然后选择自己想要的油画风格，即可看到 AI 的油画效果，如图 1.13 所示。

图 1.13　AI 的油画效果

使用 AI 还可以迅速让自己的线条作品艺术化，例如，为黑白的漫画上色，这种高效的 AI 上色方式提高了彩色漫画的创作效率。

任务 3　感受人工智能音乐

人工智能作曲的主要原理同下围棋的原理类似，主要运用适当的算法，利用音乐规律给计算机制订规则、建立海量数据库，继而进行深度学习，分析作曲规律、结构等各项信息，然后生成音乐。

提示

目前人工智能用于识别乐曲名字的效果也很好，如许多听音乐的应用上都有"听歌识曲"功能，哼唱出一段旋律，人工智能就能找出类似的曲目，判断其来源。

2019 年，华为公司利用 Mate 20 Pro 中的 AI，对奥地利作曲家舒伯特未完成的《第八交响曲》剩余曲谱进行了谱写，并在伦敦的一场音乐会上进行了公演。越来越多的公司都在涉足人工智能音乐领域，可以按以下步骤试听人工智能乐曲。

① 搜索"华为 AI 谱写舒伯特未完成曲目"。

② 打开视频类网站并欣赏 AI 音乐。

小结与测试

本项目从探寻居住环境、交通环境和校园环境中的人工智能出发，发掘身边的人工智能应用，认识人工智能的三大技能，可以切身感受到人工智能已经融入日常生活，人类社会已经步入了人工智能的新时代。在体验环节，我们运用人工智能进行中华诗词的创作、欣赏人工智能绘画的作品、聆听人工智能创作的音乐，认识到人工智能逐渐成为人类的强大工具。

◈ 自我测试

（1）在搜索引擎中搜索"线稿自动上色"，根据网站提示，上传一幅简笔画，应用线上 AI 资源给简笔画线条上色，调试并选择符合绘画意境的色彩，如图 1.14 所示。

图 1.14　线稿自动上色

（2）根据本项目所学的人工智能技术，写一写人工智能创作音乐、诗词和绘画都分别应用了哪些人工智能技术。

项目 2　发现人工智能对行业的影响

步入新知

◆ 情境导入

目前人工智能相关技术逐步成为"事关国家安全和发展全局的基础核心领域"。人工智能以产业的融合应用与产业数字化转型为核心目标，驱动生产方式、生活方式和治理方式变革。交通、制造、农业、教育、医疗等多个领域都形成了一系列的数字化和智能化的应用。各行各业都呈现出智能化发展趋向。

一、智慧高速——京雄高速

以前从北京到河北雄安新区，通行途经大广高速、荣乌高速，全程约 125 千米，用时约 1 小时 54 分钟；如今京雄高速通车后只需要不到 1 小时。京雄高速公路上的路灯能智能感知车流量，自动调整亮度，实现节能降耗；路灯杆上的摄像头通过人工智能分析系统能识别车辆行驶缓慢、突然停车等异常状况，向智慧管理中心报告异常状况的画面和位置信息，将事件发生和发现的间隔时间由原来的 5～10 分钟缩短为 30 秒以内，节约了处置时间，减少了拥堵。京雄高速公路规划了"车路协同"设施，安装支持自动驾驶测试的摄像头和感应器等装置，将双向最内侧车道设计为"自动驾驶车道"，如图 2.1 所示。

二、　智能辅助医疗——辅助诊断

人工智能技术在医疗领域的应用已逐步落地，助力基层医疗服务，患者在家门口的人工智能诊疗车上就能做肺部检查，如图 2.2 所示。人工智能读片可以在检查及阅片过程中快速分离异常图像，将原本 5～15 分钟的阅片时间缩短至 1 分钟，大大提高了工作效率。大约 2 分钟，人工智能就能初筛出肺部的微小结节；大约 3 分钟，医院的医生就可以远程给出诊疗意见。

三、　智能工业质检——生产制造的"眼"

人工智能技术可以对生产线产品进行质量检验，对生产过程进行安全检测，对设备进行健康预测，还可以替代人类进行重复性、危险或烦琐的劳动，解放人力。把生产线上所有端口的数据上传，然后根据数据量调用对应的算力，短时间就可以根据整个生产线数据在数千个变量里找到影响良品率最关键的因素。

在液晶屏幕生产领域，中国厂商已形成全球领先的竞争力。液晶屏幕检测的难度很高，人工检查屏幕，面临的问题有检测员培训时间长、培训难度大；长期高强度用眼，员工视力健康问题突出；人工工作效率低，影响因素多，品质难以保证。利用人工智能图像识别技术进行液晶屏幕质检弥补了人工的不足，提高了质检效率，如图 2.3 所示。

图 2.1　京雄高速"车路协同"示意

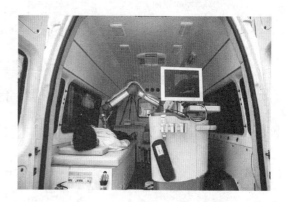

图 2.2　应用人工智能的诊疗车

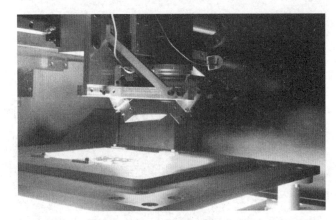

图 2.3 人工智能图像识别技术进行液晶屏幕质检

光伏材料制造商协鑫和阿里云的合作就是这方面的例子,阿里云在协鑫的制造车间把生产线上所有端口的数据传入阿里 ET 工业大脑,然后调集上千台服务器的算力,短时间内从数千个变量里找到影响良品率的 60 个关键参数,在生产过程中实时监测和调整,使生产良品率提高了 1%。

◆ 学习目标

（1）掌握人工智能技术在各行业中的应用。
（2）能够应用开放的人工智能深度学习平台体验在相关行业的应用。
（3）了解人工智能目前无法解决的问题。
（4）形成运用人工智能技术解决问题的意识和思路。

◆ 相关知识

一、 AI 遇到交通

1. AI 与公路

车路协同是实现自动驾驶的重要技术,我国在自动驾驶领域处于世界前列, 政府给予了大力支持, 企业也积极参与研发, 很多城市都有自动驾驶实验区。AI 技术助力道路智能化,以往道路上是"车看灯",现在基于 AI 智能算法的红绿灯可以实现"灯看车",大幅度降低了交通拥堵指数, 出行时间比过去减少了 30% 以上。

高速公路环境有清晰的车道线和良好的路况,而其他的道路环境存在各种极端的情况,复杂多变的场景以及各种无法预测的人类行为,比高速公路复杂得多,想要实现人工智能驾驶车辆,不能仅仅依赖于汽车的有限感知,在人车混行的复杂场景中需要路测感知设备的助力, 对于汽车来说相当于拥有了"千里眼"和"顺风耳", 可以最大限度地避免发生交通事故, 这就是为自动驾驶开启第三方视角的"车路协同"。这项技术还需要不断优化和发展, 才能在实际场景中使用。

2. AI 与铁路

《新时代交通强国铁路先行规划纲要》指出, 到 2035 年, 全国铁路网将达到 20 万千米左右, 其中高铁将达到 7 万千米左右。铁路自主创新能力和产业链现代化水平全面提升, 铁路科技创新体系健全完善, 关键核心技术装备自主可控、先进适用、安全高效, 智能高铁率先建成, 智慧铁路加快实现。

人工智能可以在不搭建新基础设施的情况下提高铁路网运力。通过收集铁轨上列车行进的实时数据, 利用人工智能分析铁路运输状况并预测未来运输中断情况, 便于运输调度人员及时介入。利用收集的数据、时间表信息以及相关维护信息, 人工智能即可对未来的延误情况进行预测。

3. AI 与航运

近年来航运业与人工智能深入融合, 如全自动码头、智能船舶配载、智能调度等都已实际应用, 对无人驾驶船舶、航运智能解决方案等都已深入探索, 航运业将从信息化向智能化转变。

智能船舶配载通过人工智能技术和算法优化, 可以结合船舶箱量分布、箱型比例、挂靠港、货物堆存、机械设备状态、班轮航线、泊位、货源等信息, 自动完成最优配载图, 实现货物安全、高效装船, 有效提升船舶装载效率。自动配载的效率是人工配载效率的 8~10 倍。以装船 2 000 自然箱为例, 自动配载的速度约为 15 分钟, 人工配载则需要约 2 小时。

"AI 船长"可以使用摄像头、人工智能和边缘计算系统来使船舶安全地绕过周边船舶、浮标和其他预计会在航行期间遇到的海洋危险。

我国的上海洋山港、青岛港、广州港等港口在全自动码头建设中走在了世界前列。全自动化码头作为一个庞大系统, 要实现协同运作,需要有智能化的中央控制系统，并应用机器视觉实现集卡防吊起自动识别。

4. AI 与航空

基于人工智能技术的飞机预测性维修应用已比较广泛。飞机定检与维修通常是根据时间间隔执行的，而意外的故障可能导致不必要的停飞，大部分业内人士认为提高定检与维修效率的关键是解决意外故障维修问题。AI 技术根据传感器上传的数据进行分析，可以实时识别和报告潜在故障，并预测最合适的维修时间，从而制订更智能的维修计划。如空客公司已经开始采用此方案来预测各流程中的变化趋势。

人工智能还可以用来改进飞行员的训练。AI 模拟器与虚拟现实 VR 系统结合，可以为飞行员提供更真实的模拟体验。AI 模拟器还可以用来收集和分析训练数据，如飞行员的个人特征，以根据飞行学员的表现及习惯创建个性化的训练模式。

二、 AI 遇到医疗

智能医疗在辅助诊疗、疾病预测、医疗影像辅助诊断、药物开发等方面发挥着重要作用。因计算机视觉与基因测序技术的发展，疾病风险预测和医学影像方面的人工智能技术应用相对成熟。

1. AI 虚拟助理

很多的常见疾病可以足不出户，将基本的现象和感受告知智能问诊系统，智能问诊系统提供基本的医疗健康建议。根据智能问诊系统的提示，若患者仍需要到线下的医院进行综合的检查，到达医院后智能导诊机器人或者导诊系统会给出指导，让患者高效就医。在与医生的交流过程中，医生的问诊过程会通过语音电子病历系统进行记录，人工智能会自动将对话进行病历化处理。

2. AI 辅助诊疗

在医生诊断过程中，疾病大数据将分析患者可能存在的问题并给出相应的提示，为医生的诊疗提供参考，在医生开具处方的过程中，人工智能系统会给出推荐用药供医生选择。

3. AI 影像辅助

在患者的诊断过程中，由于基本检查不足以支持医生的诊疗，往往需要通过医学影像对患者的问题进行佐证。一般情况下由于影像检查时间较长，并且需要影像学医生结合图像给出检查结果，这一过程耗费了大量的时间。应用病灶识别与标注系统，影像学医生可以在 AI 的帮助下快速发现病灶所在，甚至是更为微小和模糊的异常所在。在应用放射治疗的过程中，往往需要对照医学影像进行病灶的靶向对准操作，如果应用人工智能自动适应靶向对准，可以减轻放射科医生的操作难度和劳动强度。

4. AI 与健康管理

随着社会的发展，人们对于健康的重视程度也越来越高，例行体检产生的数据包含了身体变化的信号，根据个体的累积数据应用人工智能从长期数据中进行筛查，给出身体风险预警和健康提示，提出个性化的建议。

5. AI 与医疗发展

前面提到的只是人工智能在医疗方面的部分应用，人工智能还可以应用于医院管理、药物挖掘等其他方面。

三、 AI 遇到工业

1. 设备数据分析

人工智能能够收集设备运行的各项数据(如温度、转速、能耗情况、产品的编号状况等)，并存储数据以供二次分析，对生产线进行节能优化，提前检测出设备运行是否异常，同时提出降低能耗的措施。

2. 机器的自我诊断

当某条生产线突然发出故障报警时，机器能够自己进行诊断，找到问题定位和原因，同时还能够根据历史维护的记录或者维护标准，提出故障解决方案，甚至让机器自己解决问题、自我恢复。

3. 预测性维护

通过人工智能技术让机器在出现问题之前就感知到或者分析出可能出现的问题。例如，工厂中的数控机床在运行一段时间后刀具就需要更换，通过分析历史运行数据，机器可以提前预判刀具可能会损坏的时间，从而提前准备好更换的配件，并安排在下次维护时更换刀具。

四、 AI 遇到电子商务

传统电子商务是指在互联网上以电子交易形式进行的交易活动和相关的服务活动，是传统商业活动在各个方面的电子化和网络化。传统电子商务的价值在于允许消费者通过互联网进行网上购物和支付，这不仅为客户和企业节省了时间和空间，而且大大提高了交易效率。

人工智能应用到电子商务可以极大地推动电子商务的发展，其中人工智能在零售领域的应用目前已经十分广泛，无人便利店、智慧供应链、客流统计、无人仓/无人车等方兴未艾。为改进传统电子商务，人工智能可以提供更多的支持和服务，列举部分应用如下。

1. 推荐和个性化预测

智能推荐功能，降低用户选择成本，包括：根据搜索、已购和浏览记录推荐；基于用户访问时间推测用户可能的使用场景并推荐；基于位置信息检查用户是否处于线下商圈并推荐店铺；基于社交中的好友关系、社交行为等，推测用户可能需要的商品属性并推荐。

2. 通过图片查找相似商品

通过计算机视觉+深度学习做到"以图搜图"，例如，用户有喜欢的产品但不知道相关的信息，拍张照片上传到电商网站，AI 能识别商品的款式、规格、颜色、品牌及其他的特征，最后给出相似商品的列表。

3. 人工智能客服

智能客服经过商家授权、调试，可以取代部分客服，从而降低人工客服的工作量。

4. 理解趋势和读懂消费者

根据用户浏览的记录和在网页各商品图片上的停留时间，可以让机器从中学习到最近某品类的流行趋势（如规格、风格、颜色和材质等），这是商品生产者的需要，也是平台和供货商谈判的重要依据。

此外，内容管理方面，AI 可以通过图片为商品打标签、制作海报、写简单的宣传文案；通过人工智能实现系统自动预测、补货、下单、入仓和上架；通过对往期活动数据的学习，避免低效营销等。人工智能技术的应用能有效地降低电商成本。

五、 AI 遇到教育

2017 年国务院发布《新一代人工智能发展规划》，第一次正式定义了中国本土的智能教育：利用智能技术加快推动人才培养模式、教学方法改革，构建包含智能学习、交互式学习的新型教育体系。

当前人工智能融入教育的典型场景有：智能教育环境、智能学习过程支持、智能教育评价、智能教师助理、教育智能管理与服务。

1. 智能教育环境

智能教育环境指具备智能感知和交互能力的教学环境，可以进行多模态的教育信息采集，并满足多样化的学习需求。当前教育环境中人工智能技术的典型应用包括校园安全监测与预警、智能教室和智能图书馆等。

2. 智能学习过程支持

基于人工智能的各项关键技术，现阶段智能学习过程支持系统的典型应用有学习障碍智能诊断、教学资源智能推荐和智能学科工具使用等。

3. 智能教育评价

目前，智能教育评价在智能课堂评价、口语自动测评、心理健康监测和体质健康评价方面的典型应用较多。

4. 智能教师助理

智能教师助理一般指能够对教师日常的教学、教研、专业发展等进行辅助的人工智能应用。智能教师助理主要有自动出题与批阅、课程辅导与答疑、智能教研等典型应用。

5. 教育智能管理与服务

教育智能管理与服务指管理者通过组织协调教育系统的内部资源，充分利用人工智能技术和信息手段实现高效率、高水平的教育管理目标与教育公共服务。当前，教育智能管理与服务的典型应用包括辅助教育决策以促进教育公平、提供定制化教育服务等。

六、 AI 遇到农业

随着科技的不断发展，人工智能在农业中的应用也越来越广泛。AI 技术能够改变传统农业生产方式，提高生产效率，降低成本，实现更加智能化的农业生产。例如，AI 技术使农业无人化成为可能，借助机器人和无人机，可以实现自动化耕种、播种、施肥、收割等；通过传感器和机器学习技术，可以预测田间温度、湿度、降雨量等指标，从而帮助农民更好地管理土地和作物。

在农业生产中，采摘水果是一项季节性、重复性的工作，人工采摘成本高昂。在水果采摘中时效性非常重要，延后采摘可能使水果的价值大为折损，全球的水果种植者每年因无法采摘而导致销售额损失巨大。

针对以上问题，50 年前就有人提出了利用机器人来进行水果的采摘。但一直以来，机器人采摘水果都存在三方面的问题：机器对水果成熟度的判断准确率低；机器采摘的效率太低；采摘装置对部分水果的损伤程度高。

直到近些年人工智能的解决方案开始改变水果收获的方式，人工智能感知算法主要包括四方面：① 视觉算法，检测水果、树叶和其他物体，包括水果分类（大小、成熟度等）；② 机动算法，最优轨迹规划与执行；③ 平衡算法，稳定算法以平衡机器的力；④ 收割优化，基于果园数据的管理优化算法。人工智能技术可以按需提供水果采摘解决方案，自主采摘机器人可以在合适的时间以较低的成本满足果农对采摘劳动力的需求，从而使果园管理变得更加轻松，利润也更高。

人工智能机器人能够检测水果的成熟度、水果类型、水果瑕疵和水果的质量等指标，如图2.4所示，收集和跟踪果园中每棵果树的果实产量以及水果质量和轨迹规划等数据，用于后续提高水果采摘效率，如图2.5所示。

图 2.4　人工智能摘取成熟蔬果 1

图 2.5　人工智能摘取成熟蔬果 2

体验实践 ····▶ **人工智能识别**

人工智能的神奇之处只有体验了才会理解，深度学习是人工智能的一个分支，在项目 7 中将详细介绍，本任务为大家提供了车辆识别、车架号码识别和语音识别三个方面的深度学习体验内容。

任务 1　识别路面车辆

图 2.6 列举了很多常见车型，你都认识它们吗？按照下面的步骤开始体验人工智能识别车辆吧。

图 2.6　车型识别

① 在搜索引擎中搜索"车辆类型识别",打开查找到的相关人工智能平台,如图 2.7 所示。

图 2.7　车型识别平台

② 单击"本地上传"按钮,选择一张你想要识别的车辆图片,并上传,平台将返回识别结果,如图 2.8 所示,该车辆最有可能是"红旗H5",概率为 0.919。

图 2.8 在线人工智能车辆识别

③ 将图 2.6 中的其他车型图片上传至人工智能平台，查看人工智能车型识别结果，如图 2.9 所示。

图 2.9 在线人工智能车辆识别结果呈现

任务 2 识别车架号码

① 在任务 1 平台中搜索"车架号码识别"，打开相关产品介绍页面，如图 2.10 所示。

图 2.10 产品介绍页面

项目 2 发现人工智能对行业的影响

② 单击"本地上传"按钮, 选择一张你想要识别的车架号码图片, 并上传, 如图 2.11 所示人工智能将识别出图片上的车架号码。

图 2.11　使用人工智能识别车架号码

任务 3　实现会议语音转写

一次关键的对话, 一场重要的会议, 都少不了会议纪要。人工录入会议纪要效率低且容易出错, 使用人工智能技术进行语音识别, 可以将会议内容自动转化为文字。借助在线会议软件, 在会议结束后可以立即生成会议纪要, 还可以实现智能去除语气词、整理语言逻辑等, 带来了切实的协同效率和生产力提升。

① 打开会议软件主界面, 单击"设置"按钮, 在"录制"选项卡中勾选"同时录制音频文件"和"同时开启录制转写"复选框, 如图 2.12 所示。

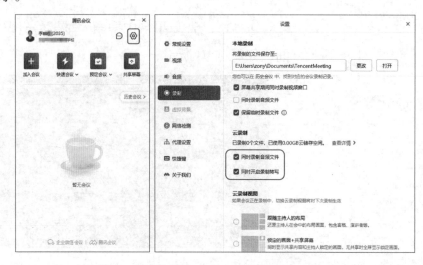

图 2.12　云录制功能设置

② 在会议中，开启"云录制"功能即可录制音频文件，如图2.13所示。

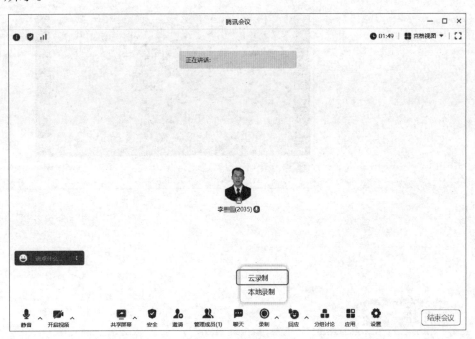

图2.13 开启云录制

③ 单击软件主界面右上角"消息通知"按钮，查看生成的云录制文件，即可转写会议纪要，如图2.14和图2.15所示。

图2.14 查看生成的云录制文件

图 2.15　转写会议纪要

本项目从智慧高速、智能辅助医疗和智能工业质检三个案例带大家走近行业中的人工智能,随后介绍了几个主要行业中人工智能的应用情况,最后通过体验实践,切身体会人工智能在行业中的应用。以此为砖,希望读者发现更多行业中的人工智能应用。

◆ 自我测试

(1)人工智能可以应用到哪些行业?

(2)人工智能可以解决哪些行业痛点?

(3)使用人工智能语音转写生成班会纪要。

项目 **3**　迎接人工智能带来的革新与挑战

◆ **情境导入**

　　人工智能的崛起，改变并重建着人类的生产关系，诸多职业面临着被淘汰的风险，但也会有新的机会在快速变化之间产生。人工智能的发展会给大部分行业带来挑战，但也会带来另一些行业新一轮的发展。充分认识人工智能，了解人工智能对各行各业产生的影响，在变化到来之时，我们才能有充分的准备和应对之策。

　　粗略概括人工智能的发展，如图 3.1 所示。在人工智能的算力、算法和大数据技术发展的带动下，人工智能技术冲出地平线茁壮成长，图像识别、自然语言处理、语音识别等技术支撑起了茂盛的树冠，在树冠上结出了各种各样的果实：智能家居、智能交通、智慧农业和智慧医疗等。

◆ **学习目标**

　　（1）了解人工智能对原有的职业带来的冲击和挑战，并知道它带来的职业变化。

　　（2）知道人工智能衍生出的新职业。

　　（3）认识到社会智能化背后的巨大价值和潜在风险。

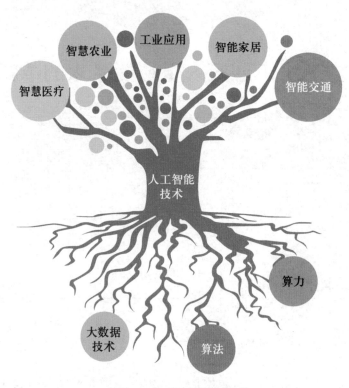

图 3.1　人工智能发展树

◆ **相关知识**

一、　与人工智能相关的新职业

1. 给机器赋予智能——人工智能训练师

人工智能训练师是随着人工智能的广泛应用逐渐诞生的一种新职业。人工智能训练师是使用智能训练软件，在人工智能产品实际使用过程中进行数据库管理、算法参数设置、人机交互设计、性能测试跟踪及其他辅助作业的人员。

在为机器赋予智能的过程中，人工智能训练师的主要工作内容是数据标注和模型训练。

数据标注是大部分人工智能算法得以有效运行的关键环节。想要实现人工智能，首先要把人类理解和判断事物的能力示范给计算机，让计算机学习到这种能力。数据标注的过程是把需要机器识别和分辨的数据贴上标签，然后让计算机不断地学习这些数据的特征，最终实现计算机能够自主识别。

很多公司一般会聘请专门的数据标注人员或者外包团队负责数据标注，但在数据量不大或者涉及较专业的行业知识（如医学）的情况下，

AI 训练师也会做数据标注的工作。

（1）人工智能训练的具体工作流程

下面以训练 3C（通信、计算机和消费）产品的客服机器人为例进行说明。

① 收集店铺和客户日常的沟通数据及客户反馈的问题，将典型问题标准化，并提取出行业特征，然后编写一些相似问题进行模型训练。

② 收集完数据后，训练师需要将数据导入系统，使用适当的算法进行分类，再进行数据标注。

③ 数据标注是教人工智能理解某个句子含义的过程，标注内容包括意图、分词等。

例如，"我买的手机壳尺寸不对"这句话，数据标注师们会将之标注为"退换货"意图，如果某个句子没有明确的意图，便会根据相关的业务知识和使用场景进行标注。

④ 完成数据标注后要进行对话流设计，当顾客问出一个问题时，机器人需要准确识别其场景或意图，然后从知识库中搜索合适的回答或推送相关商品服务。如果说数据标注是让机器人学习知识，那么对话流设计就是让机器人学会运用知识。

要让机器人准确识别出某个意图，背后需要有强大的模型和足够的数据量，一个意图需至少对应 50 个句子。

⑤ 对话流设计成功后是 bug 的日常修复工作。智能机器人只是 AI 训练师们用一堆数据堆起来的智能，没有任何自己思考的能力，当客户问到数据库里未收录的问题，或问话时采用过多的修辞或方言口音过重时，机器人都没办法回答，这就需要 AI 训练师手动找到问题并进行调整。

（2）人工智能与人工智能训练师

一般人听到人工智能就感觉人工智能应该和自己一样，具有一个成人的智力水平，但实际上它还处在比较初级的阶段。

如果模型效果不好或者初始语料不够，并且算法在实际应用过程中存在局限性，有时候一个简单的问题机器人也不会回答。

在整个工作过程中，训练师们不需要掌握专业的算法知识，只需了解模型的基础工作原理，如果模型有问题可以与专业的算法团队对接。

（3）人工智能训练师需要持续学习

在提供客服机器人产品的平台方做 AI 训练师，一个难点在于需要持续接触不同行业知识，因为 AI 要结合某个领域才能实现应用。为了应对不断转换的全新行业项目，人工智能训练师需要持续学习相关知识，否则便无法理解用户的真实意图，更无法使机器进行学习。

2. 为机器选择智能——人工智能工程技术人员

人工智能工程技术人员是从事人工智能的相关算法、深度学习等多种技术的分析、研究、开发，并对人工智能系统进行设计、优化、运维、管理和应用的工程技术人员。

人工智能工程技术人员的主要工作任务：

① 分析、研究人工智能算法、深度学习等技术并加以应用；

② 研究、开发、应用人工智能指令、算法；

③ 规划、设计、开发基于人工智能算法的芯片；

④ 研发、应用、优化语言识别、语义识别、图像识别、生物特征识别等人工智能技术；

⑤ 设计、集成、管理、部署人工智能软硬件系统；

⑥ 设计、开发人工智能系统解决方案。

人工智能工程技术人员大致可分为初级、中级、高级阶段。初级工程技术人员的工作内容为：负责功能的实现方案设计、编码实现、疑难 bug 分析诊断、攻关解决；中级工程技术人员的工作内容为：开发工作量评估、开发任务分配，代码审核、开发风险识别/报告/协调解决，代码模板研发与推广、最佳实践规范总结与推广、自动化研发生产工具研发与推广；高级工程技术人员的工作内容为：组建平台研发部，搭建公共技术平台，方便各条产品线开发；通过技术平台和职权，管理和协调各个产品线组。其中每个产品线都应该有合格的研发领队和高级程序员。

二、 部分行业（职业）面临的挑战

结构化、低技能的工作容易被人工智能取代。

首先，结构化就意味着这份工作的内容已经被模式化了。如蒸米饭就是一个十分模式化的工作，只要按步骤就可以把米饭做好。如今电饭煲的程序就已经完全胜任了蒸米饭的工作，如果电饭煲再加入人工智能技术的话，则可以从米饭的质量、水量等多方面进行分析得到最优蒸饭方案，这一点人工蒸饭是难以快速完成的。在 2022 年北京冬奥会上，使用炒菜机器人提供优质的饭菜，食品安全、烹饪效率、味道都得到了很好的保障。在效率和质量都无法与人工智能匹敌的情况下,随着人工智能技术的成本降低,结构化、低技能的职业都可能会被淘汰,如专职驾驶员、传统流水线工人、客服人员等。

三、 人工智能伦理

人工智能是一把双刃剑,它既能推动社会进步,改善人们的生活,又可能带来危害。国家新一代人工智能治理专业委员会于2021年发布了《新一代人工智能伦理规范》,旨在将伦理道德融入人工智能全生命周期,为从事人工智能相关活动的自然人、法人和其他相关机构提供伦理指引。

《新一代人工智能伦理规范》提出了增进人类福祉、促进公平公正、保护隐私安全、确保可控可信、强化责任担当、提升伦理素养 6 项基本伦理要求。

体验实践 ┈┈┈ 维护智能仰卧起坐检测器

学校里面使用的仰卧起坐检测器对动作的识别不够准确,同学们觉得这个人工智能检测设备还要再优化。

项目实施流程如图 3.2 所示。

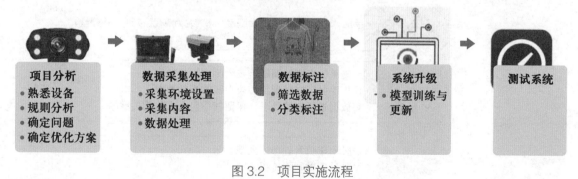

项目分析
●熟悉设备
●规则分析
●确定问题
●确定优化方案

数据采集处理
●采集环境设置
●采集内容
●数据处理

数据标注
●筛选数据
●分类标注

系统升级
模型训练与更新

测试系统

图 3.2　项目实施流程

任务 1　分析项目情况

1. 熟悉设备

学校使用的旷视科技"运动猿"智能系统仰卧起坐检测器的主要

功能如下。

① 全视觉解决方案：不需要额外的传感器接线和校准。

② 训练全过程无人值守：人脸识别身份验证、准备动作检测、合规动作判定、犯规动作检测。

③ 实时交互反馈：成绩自动记录播报、语音业务流程引导。

④ 包含版权音乐：系统内置版权音乐，提高训练体验。

⑤ 二次开发：提供丰富接口，支持业务系统二次开发。

⑥ 自定义训练强度：训练强度支持3级自定义调整。

2. 仰卧起坐项目检测规范说明

① 犯规判定1：手肘未碰触到膝盖或大腿。

② 犯规判定2：双手未抱头（如甩手、撑垫子等）。

③ 犯规判定3：未屈膝或双脚离开地面。

④ 犯规判定4：上躯未还原为预备姿态。

3. 发现问题

手肘未碰触到膝盖或大腿时，未判定为犯规，判定不够严格。

4. 优化流程

人工智能训练检测设备优化流程如图3.3所示。

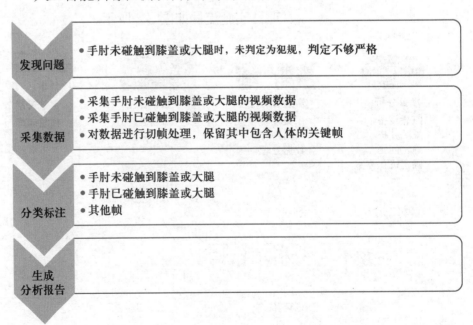

图3.3 人工智能训练检测设备优化流程

任务 2　采集视频数据

1. 视频内容

测试者从摄像机视野外，走入瑜伽垫上躺下，进入仰卧动作并停顿 5 s，做多个仰卧起坐后，恢复至仰卧动作，然后起身离开摄像机视野。

2. 视频脚本

准备 60 s 手肘碰触到膝盖或大腿的视频数据，其中：前 5 s 为准备阶段，中间 50 s 为规律性的手肘碰触到膝盖的仰卧起坐动作，后 5 s 为结束动作。

准备 60 s 手肘未碰触到膝盖或大腿的视频数据，其中：前 5 s 为准备阶段，中间 50 s 为规律性的手肘未碰触到膝盖的仰卧起坐动作，后 5 s 为结束动作。

3. 标准动作说明

每个仰卧起坐的动作包含仰卧、起坐两部分。仰卧：双肩着地，如图 3.4 所示；起坐：手抱头时两肘触膝/手未抱头时上半身与地面夹角小于 90°，如图 3.5 所示。

图 3.4　仰卧　　　　　　　　　　图 3.5　起坐

犯规动作包括双手未抱头，肘关节未触及膝关节等，如图 3.6 和图 3.7 所示。

图 3.6　手未抱头的犯规动作　　图 3.7　肘关节未触及膝关节的犯规动作

4. 数据处理准备

① 原始数据：包含多个仰卧起坐动作的 60 s 视频文件。

② 处理目的：帮助分类模型强化训练，给出二分类的数据集。

③ 处理关键帧：找到手肘触膝前后的关键帧，并进行标注，划分数据集。

任务 3 数据处理流程

1. 登录数据处理平台

MegStudio 基于旷视自研开源深度学习框架——天元（MegEngine）打造，在线提供免费算力、公开数据集以及 SOTA 模型库，让个人开发者能够快速体验、学习、开发深度学习项目。MegStudio 平台如图 3.8 所示。

图 3.8　MegStudio 数据处理平台

2. 上传原始数据

将采集得到的视频数据上传到平台，并创建自己的仰卧起坐采集数据集，也可使用本书配套资源中的视频。

① 单击平台上方的"公开数据集"，然后单击"创建数据集"按钮，如图 3.9 和图 3.10 所示。

② 创建数据集，其中数据集名称为"仰卧起坐动作数据"，数据集描述为"仰卧起坐动作采集原始数据"。

图 3.9　MegStudio 创建数据集 1

图 3.10　MegStudio 创建数据集 2

　　③ 选中"本地上传"单选按钮，单击图标上传".mp4"视频格式的数据，如图 3.11 所示。

图 3.11　MegStudio 上传本地数据集

3. 创建项目

① 单击"My Studio",然后创建新项目,如图 3.12 所示,将项目命名为"运动猿仰卧起坐数据处理"。

图 3.12　创建新的项目

② 单击"添加数据集"按钮,勾选"仰卧起坐动作数据",然后单击"确定"按钮,如图 3.13 所示。

图 3.13　为项目添加数据集

　第 1 篇　人工智能新时代

③ 选择默认配置并单击"创建"按钮，如图 3.14 所示。

图 3.14 选择合适的处理引擎

4. 运行数据处理工具

① 在项目界面单击"启动环境"按钮，如图 3.15 所示，然后直接单击"确定"按钮，如图 3.16 所示。

图 3.15 启动 MegStudio 运行环境

② 在 Jupyter 界面 dataset 文件夹中查看原始数据的完整性，如图 3.17 所示。

图 3.16 选择基础版环境

图 3.17 在 Jupyter 界面查看原始数据的完整性

③ 将配套资源中的数据处理脚本压缩文件 extract_image.zip 拖入左侧文件栏中，如图 3.18 所示。

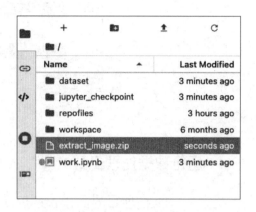

图 3.18 放置处理数据的脚本文件

④ 在运行栏中输入 "！unzip extract_image.zip" 解压代码压缩包，并单击上方 "运行" 按钮运行，得到 extract_image 文件夹，如图 3.19 所示。

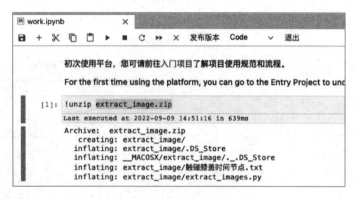

图 3.19 输入解压缩的命令

⑤ 添加新的运行栏，将配套资源中数据处理 Python 脚本复制到运行栏中，修改 "触碰膝盖时间节点.txt" 与视频文件的路径后直接运行，得到 extract 文件夹，如图 3.20 所示。

图 3.20 修改文件的路径

⑥ 添加新的运行栏，输入"!tar –zcvf extract.tar.gz　extract"并运行，将 extract 中的文件打成 tar 包，得到 extract.tar.gz 文件包，如图 3.21 所示。

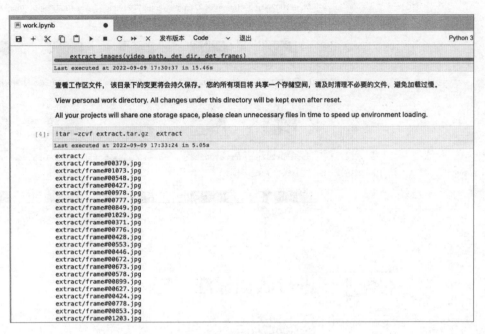

图 3.21　将文件打包

⑦ 右击，将 tar 包下载到本地，如图 3.22 所示。

5. 确认数据处理结果

① 解压下载的 extract.tar.gz 文件包，得到 extract 文件夹，如图 3.23 所示。

图 3.22　打包的文件

图 3.23　解压本地打包的文件

② extract 文件夹中应该包含多张手肘触膝或手肘未触膝的图片，如图 3.24 所示。

图 3.24　查看解压的文件

任务 4　进行数据标注

1. 选择数据标注方式

本任务采用二分类标注，即将图片划分到两个互斥的类别中。常见的数据集标注方法包括手动标注、半自动标注和自动标注。手动标注是指人工对数据进行标注，这种方法的优点是标注结果准确性高，但缺点是耗时耗力，成本较高。本任务所采用的数据量较小，所以采用手动标注的方法来进行分类。

2. 手动数据标注流程

① 首先创建两个分类文件夹，分别命名为"手肘触膝"和"手肘未触膝"，如图 3.25 所示。

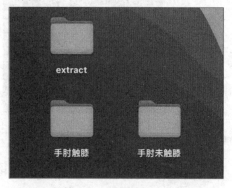

图 3.25　手工创建标注文件夹

② 查看 extract 文件夹中的图片，根据图片中手肘是否触膝分别放置到对应的文件夹中，如图 3.26 所示。

图 3.26　逐个查看文件手工分类标注

3.　数据标注审核报告

填写智能仰卧起坐检测器数据标注审核报告，见表 3.1。填写完成后，采集与标注工作就结束了，将标注好的数据传给人工智能训练师，就可以开展模型训练工作，以提高仰卧起坐检测器的性能。

表 3.1　智能仰卧起坐检测器标注审核报告示例

序号	审核项	审核情况
1	数据路径	s3://yundongyuan/sit-ups/extract
2	数据类型	图片
3	数据量	202
4	正样本（手肘触膝）数量	73
5	负样本（手肘未触膝）数量	129
6	采集原始视频路径	s3://yundongyuan/sit-ups/
7	采集原始视频名	vlc-record-2022-08-29-17h55m56s-rtsp__192.168.2.41_554_h264_ch33_main_av_stream.mp4
8	标注员	小刚

　　本项目探讨了人工智能的发展对行业带来的影响,在部分行业和职业迎来挑战的同时,人工智能训练师、人工智能工程技术人员等新职业开始诞生,人工智能伦理规范也在不断完善。本项目通过人工智能仰卧起坐检测器,全流程体验人工智能训练师的工作内容,初步体验为机器赋予智能的过程。

◆ 自我测试

　　(1)简述人工智能训练师与人工智能技术研发人员的工作差异。

　　(2)按照人工智能训练师的工作流程,维护智能引体向上检测器。

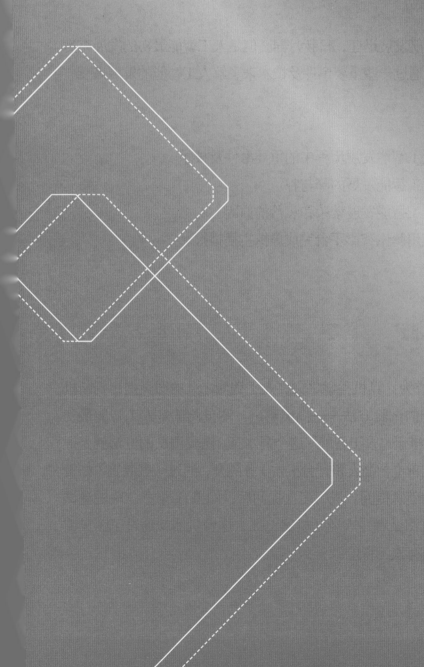

第 **2** 篇

人工智能的发展

◆ **情境导入**

如今人工智能发展迅速，日新月异。但是人工智能最初的发展充满了坎坷，本项目通过一些重要事件及技术来了解人工智能的发展兴衰。

◆ **学习目标**

（1）了解人工智能发展历程中的重要事件及技术。
（2）了解人工智能发展的峰与谷。
（3）了解人工智能发展繁荣和衰落的原因。
（4）能够使用腾讯智影平台完成虚拟主播播报。

◆ **相关知识**

一、 人工智能的起源

1950 年被誉为计算机科学之父、人工智能之父的图灵提出判断机器是否具有智能的试验方法——图灵测试。图灵测试是人工智能最初的概念，它甚至早于"人工智能"这个词本身。图灵测试的方法就是把测试者与被测试者（一个人和一台机器）分隔开，通过一些装置（如键盘）向被测试者随意提问。进行多次提问后，如果有超过 30%的测试者不能确定出被测试者是人还是机器，那么这台机器就通过了图灵测试，并被认为具有人工智能。

1956 年，达特茅斯学院举行了历史上第一次人工智能研讨会，首次提出了"人工智能"概念，因此，达特茅斯会议也通常被认为是人工智能的开端。

二、 人工智能的发展

人工智能的发展史如图 4.1 所示。

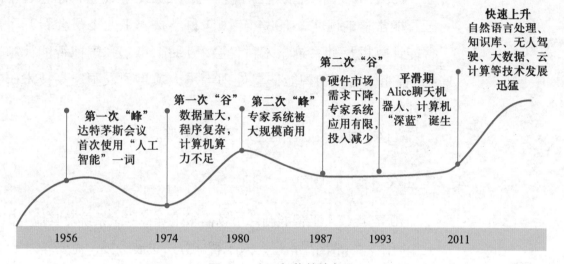

图 4.1　人工智能的峰与谷

1. 第一次"峰"（1956—1974 年）

1958 年，王浩用汇编语言编写了 3 个程序，证明了罗素和怀特海《数学原理》中的 200 多个定理，利用人工智能解决了数学问题。

约翰·麦卡锡开发了 LISP 语言，该语言成为人工智能领域发展初期几十年里主要的编程语言。

2. 第一次"谷"（1974—1980 年）

1977 年，吴文俊提出了用计算机证明几何定理的"吴方法"，这被认为是自动推理领域的先驱性工作。"吴方法"为人工智能的符号计算提供了坚实的理论基础和高效的算法。

人工智能尽管硕果累累，然而在此阶段计算机算力不足，程序复杂、编写难度高，很多科学家伟大的想法和成果很难实现，各国政府和机构减少或停止投入，人工智能第一次遇到低谷。

3. 第二次"峰"（1980—1987 年）

1980 年，卡耐基梅隆大学研发出了一个名为 XCON 的专家系统，它具有超过 2500 条规则，模拟专家回答问题或提供知识，帮助人们做出决策，准确率超过 95%，从此机器学习开始兴起。XCON 的成功带动了人工智能各个领域的发展。

1981 年 9 月中国人工智能学会（CAAI）成立，标志着中国人工智能学科的诞生。1984 年国防科学技术工业委员会召开了全国智能计算机及其系统学术讨论会。1986 年起我国把智能计算机系统、智能机器人和智能信息处理等重大项目列入国家高技术研究发展计划。

在这个时期人工智能达到了二次巅峰。

4. 第二次"谷"（1987—1993 年）

1987 年，人工智能硬件市场需求下降，专家系统及其他人工智能应用有限，经常出现错误，人工智能算法进展缓慢，需要算力更强大、计算更快速的计算机，人工智能遇到第二次低谷。

5. 平滑期（1993—2011 年）

1995 年，Alice 聊天机器人程序开发成功，它可以利用互联网不断地增强自身数据集，优化内容。

1997 年，IBM 的"深蓝"超级计算机战胜了世界国际象棋冠军，在人工智能史上具有里程碑意义。

2006 年，首届中国象棋计算机博弈锦标赛暨首届中国象棋人机大战举办。东北大学的"棋天大圣"象棋软件获得机器博弈冠军，"浪潮天梭"超级计算机以 11 : 9 的成绩战胜了中国象棋大师。同年，杰弗里·辛顿正式提出了"深度学习"的概念。

6. 快速上升期（2011 年至今）

2011 年，IBM 公司的"沃森"超级计算机凭借强大的自然语言处理能力和知识库参加知识问答节目，战胜了人类冠军，计算机在自然语言处理技术支撑下已经可以处理人类语言。

2012年，谷歌无人驾驶汽车上路，2016年和2017年，谷歌人工智能程序AlphaGo战胜两位围棋世界冠军。

近年来，随着大数据、互联网技术、云计算和物联网的快速发展，及数据的积累、算法进步和算力的提高，人工智能技术飞速发展。现在的人工智能自然语言处理的典范ChatGPT风靡全球，我国开发的"文心一言"也可以根据语言的输入，生成文字、图像。

三、 人工智能的底层逻辑

讨论与交流

你认为人工智能的本质是什么？

尽管人工智能在某些领域表现出色，但人工智能的本质还是人类编写的程序，是把人的思考转化为机器可以运行的程序代码。那么人工智能的程序是什么程序呢？我们可以理解为像人一样学习并解决问题的程序。当前的人工智能还处于感知智能的发展阶段，可以通过以下案例理解。

1. 服务机器人

随处可见的服务机器人在商场等场所提供针对人们问询的指引，它们在行走过程中像人一样避开了障碍和路上通行的人群，这是使用了智能避障的程序，流程如图4.2所示。

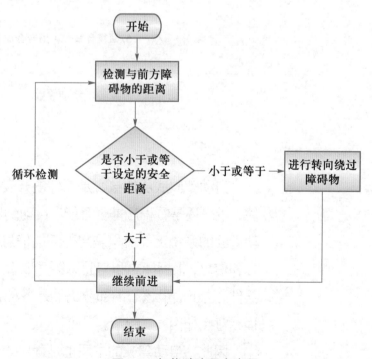

图4.2 智能避障程序流程

在智能设备躲避障碍的程序中，主要是由传感器感知、程序处理和输出动作 3 个部分组成的。它体现出来的智能本质上是人编写的避障程序。

2. 智能语音助手

常用的智能语音助手也是其背后的程序在发挥着作用。当我们用语音唤醒语音助手的时候，智能设备的内部完成了一系列的处理，流程如图 4.3 所示。这其中语音识别（Automatic Speech Recognition，ASR）是将声音转化成文字的过程，相当于耳朵；自然语言处理（Natural Language Processing，NLP）是理解和处理文本的过程，相当于大脑；语音合成（Text-To-Speech，TTS）是把文本转化成语音的过程，相当于嘴巴。每一个模块的背后又是一个个复杂的模型组成的程序。因此，智能语音的本质也是程序。

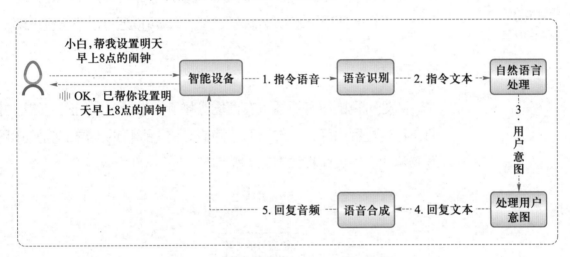

图 4.3　语音助手处理流程

3. 自动驾驶

自动驾驶底层的核心是软件的开发，自动驾驶汽车的先进性和智能性，最终还是看程序是否智能。自动驾驶的开发模型如图 4.4 所示。自动驾驶的系统工作流程是将外部的信息输入系统中，由程序识别各种标志和信息，根据标志和驾驶意图采取合适的决策，最终输出指令到执行器件，这里面最核心的部分仍然是各种程序在起作用，自动驾驶系统流程示意图如图 4.5 所示。

因此，自动驾驶的本质也是程序。

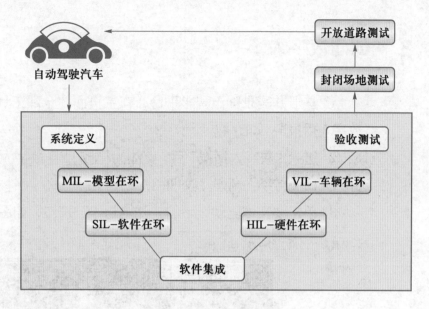

图 4.4　自动驾驶开发模型

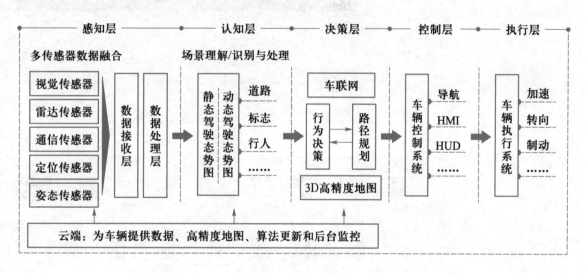

图 4.5　自动驾驶系统流程示意图

分析常见的人工智能产品，我们最终会发现人工智能的本质是程序。

体验实践 "数字人播报" 项目开发

通过将虚拟现实与人工智能结合，基于腾讯智影平台完成体验实践，实现虚拟主播根据设计者设置的人物、声音、词语、动作等完成北京中轴线介绍。

任务 1 创建数字人

① 注册并登录腾讯智影平台，在主页面"全部工具"栏目中选择"数字人播报"，如图 4.6 所示。

② 进入"数字人播报"后，有热门模板、2D 数字人和 3D 数字人，选择"3D 数字人"小天，如图 4.7 所示。

③ 单击"文本驱动"下的"开始制作"按钮，如图 4.8 所示。

图 4.6 腾讯智影平台首页

图 4.7 数字人选择界面

图 4.8 选择数字人视频制作方式

④ 导入或录入需要播报的文本，如图 4.9 所示。

⑤ 单击"数字人与画面设置"按钮，设置"主播""服装""姿态与位置"，如图 4.10～图 4.13 所示。

图 4.9 录入播报文本

图 4.10 数字人与画面设置

图 4.11 设置"主播"

图 4.12 设置"服装"

图 4.13 设置"姿态与位置"

⑥ 单击"画面设置"选项卡，选择背景并根据需求添加自定义 Logo（导入北京中轴线图片），单击"完成"按钮结束对数字人与画面的设置，如图 4.14 和图 4.15 所示。

图 4.14 画面背景设置

图 4.15　画面 Logo 设置

任务 2　优化播报效果

① 根据实际需要设定"全局语速",插入停顿,调整数字人的"动作"等,如图 4.16 所示。

图 4.16　调整数字人语速、停顿和动作等设置

② 打开"显示字幕"选项按钮,单击"生成预览"按钮(视频会保存在"我的资源"中),如图 4.17 所示,设置好视频名称后,在弹出的对话框中单击"生成预览"按钮,如图 4.18 所示。

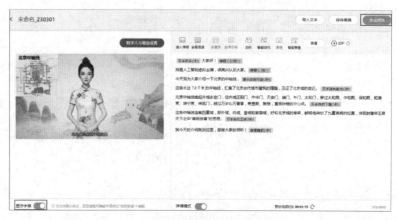

图 4.17　完成生成预览

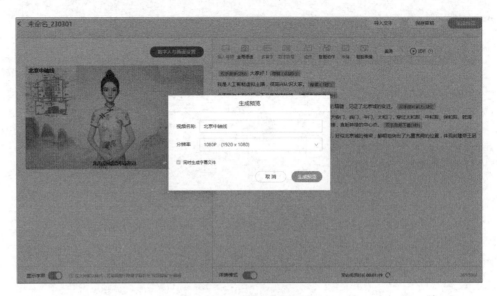

图 4.18　视频名称设置

③ 完成"数字人播报——北京中轴线"制作，如图 4.19 所示。

图 4.19　完成数字人播报制作

　　本项目通过腾讯智影平台完成了"数字人播报——北京中轴线"制作，同学们后期可根据生活中的需求进行自定义的设计，解决实际问题（产品介绍、新闻播报等）。

本项目介绍了人工智能的起源和几经波折的发展历程,然后通过机器人、语音助手等案例,说明人工智能的底层逻辑就是人类编写的程序。在体验实践环节,开发数字人播报,介绍北京中轴线,见证中华文明的源远流长、赓续不绝,体验了将人工智能与虚拟现实相结合解决现实需求的新方法。

◆ 自我测试

(1)人工智能分为哪几个阶段? 说说里面的重要事件。

(2)使用数字人播报功能介绍你所在城市的标志性建筑。

◈ **步入新知**

◈ **情境导入**

很多人关心人类会不会被人工智能所替代，不少科幻类电影中，会让人有较强烈的危机感，但我们只要仔细辨析人工智能与人类智能的差别，问题将迎刃而解。

◈ **学习目标**

（1）认识人工智能与人类智能的关系。

（2）了解人工智能的分类、流派。

（3）通过对比，感受人工智能与人类智能间的差距。

（4）理解机器人、智能机器人和人工智能间的关系。

（5）了解智能机器人的核心技术。

（6）创建并体验在线问答机器人。

◈ **相关知识**

一、 对人类智能的投影——人工智能的起点

人工智能是对人类智能的参照和模仿。随着人工智能技术的发展，这种模仿越来越精致，有时已经难以分辨是人还是机器。用"模仿"一词，已经不能准确描述人工智能了，而用"器官投影说"解释更恰当，将人工智能视为人类智能的"投影"，如图5.1所示。

图 5.1 人工智能是对人类行为的"投影"

人体中最神秘和复杂的器官是人类大脑，对其模仿绝非容易的事。在人工智能发展的初期，医学和生理学关于人类大脑的研究结果不多，这使得人工智能的研究仅限于人类表面的行为。随着科技的发展，人工智能的研究走向了对人类认知器官的某些特定功能进行投影。当医学和生理学可以对人类大脑有更深层次的解读时，人工智能开始对人类大脑有了一定程度的投影。

1. 对人类行为的投影

初级的人工智能产物一般都是在极力模仿人类的各种行为，是对人类的"感知系统"和"动作系统"的投影，实现对人类肢体动作的模仿。例如，汽车生产线上的焊接机器人和装配机器人（如图 5.2 所示），工地上快速搬砖、砌墙的建筑机器人，在仓库里忙着打包快递包裹的物流机器人，它们按照设定的程序，利用传感器感知周围环境，在预设的区域里机械地完成动作。这些人工智能的初级产物具有广泛的应用空间，可以在人工智能整体设计中充当一种辅助技术，尤其是应用在人形机器人的肢体运动与控制中。

图 5.2 生产线上进行焊接作业的机器人

2. 对人类特定功能的投影

利用计算机作为平台，通过编写"聪明"的软件，尽可能保证在输出端可以给出与人类判断相似的结果，从而模拟出人类的特定功能。这一方面的研究已经取得了可见的成果，目前在生产、生活中有广泛的使用。例如，电商平台上的智能客服，智能音箱等，都是实现对人类语言功能的投影，如图5.3所示。

图 5.3 人机对话

3. 对人类大脑的技术投影

人类大脑有很多值得机器学习和借鉴的能力，包括低功耗、高容错、创造性等。人类大脑的消耗约等于一枚灯泡所需的能量，但其运算速度惊人，所以分析脑功能可以为开发节能的运算处理装置提供重要的线索。基于人类脑科学研究成果而发展出来的人工智能技术，被称为"类脑智能"。发展类脑智能已成为人工智能学科以及计算机应用相关领域的研究热点。此类研究不再只是局限于模仿外部的人类行为或特定功能，而是直接着眼于人类智能的源泉——人类大脑，对脑的结构进行更深层次的模仿。例如，战胜围棋世界冠军的阿尔法狗（AlphaGo），其主要工作原理是基于人工神经网络技术的深度学习策略，类脑人工智能是其技术实质。

2016 年，我国发布的"中国脑计划"主要有两个研究方向：以探索大脑秘密、攻克大脑疾病为导向的脑科学研究和以建立和发展人工智能技术为导向的类脑科学研究，如图 5.4 所示。

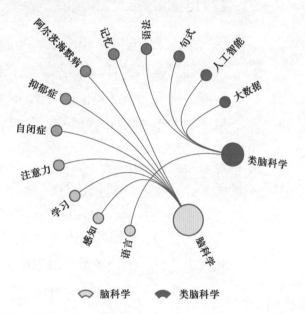

图 5.4 中国脑计划分为脑科学、类脑科学两个研究方向

二、 人工智能发展的三个层次

讨论与交流

你认为现阶段的人工智能发展处于什么层次？

人工智能的发展水平可以分为三个层次，即：弱人工智能、强人工智能、超人工智能，如图 5.5 所示。

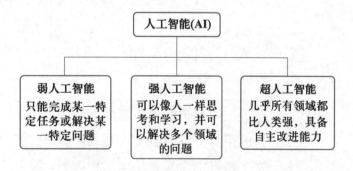

图 5.5 人工智能的三个层次

1. 智力仿真的弱人工智能

弱人工智能是人工智能的初级阶段，其作用还处于工具层面。弱人工智能（Artificial Narrow Intelligence，ANI）是指无法用人的思维推理、处理问题的智能机器，它们不具有像人一样的思考方式，只是在机械、重复地执行命令，看上去像"智能"的，但并不拥有独立自主的学习意识。弱人工智能的目标是让计算机看起来"会像人一样思考"。

2. 智力创新的强人工智能

强人工智能（Artificial General Intelligence，AGI）是指可以像人一样思考和学习，完成智力性任务，在各方面都能和人类比肩的人工智能。强人工智能可以综合情感和推理等人脑的高阶智能，进行学习、思考、推理、创造和计划。强人工智能的目标是让计算机可以自行思考。

3. 无法预测的超人工智能

超人工智能（Artificial Super Intelligence，ASI）是指通过模拟人类的智慧，开始具备自主思维意识，拥有类比生物进化的自身重编程和改进功能，形成新的智能群体的人工智能。

现阶段的人工智能主要是能够完成或解决某一特定任务的弱人工智能。在弱人工智能时代，无论是嵌入式系统支持的智能化工具，还是计算机软件支持的专家系统，其中的智能行为都是事先由程序设定、无进化能力且仅针对一个维度的智能仿真，实现了人机的简单交互与简单的智力替代。人类参与对实现弱人工智能的应用非常重要，需要事先设计解决问题的方法，然后筛选有用的数据，最后对机器的行为进行反馈。生活中的语音识别、图像识别应用，甚至闻名于世的谷歌 AlphaGo 围棋程序，都是专注于完成某个特定任务的人工智能，都属于弱人工智能。

三、 人工智能的流派

人工智能技术发展的历史，是以人造的智能机器或系统对人脑进行模拟和扩展的进程。人工智能研究者基于对"智能"的不同理解，形成了符号主义、联结主义和行为主义三大流派。

1. 符号主义

符号主义，又称逻辑主义，在20世纪80年代中期前盛极一时。符号主义学派曾涌现大量的研究成果，并被应用于实践，主要的成就是专家系统。该学派认为智能的元素是"符号"，智能是基于逻辑规则的符号操作，人的认知活动是符号计算过程。以判定"龙"为例，如图5.6所示，龙有9个特征：鹿角、牛头、虾眼、驴嘴、蛇腹、鱼鳞、凤足、人须、象耳，人看到这些特征时，会得出这是龙的结论。符号主义会将这些特征定义为9个符号，利用计算机模拟认知智能，认知过程是在符号上的一种运算。

图5.6　龙的9个特征符号

2. 联结主义

联结主义，又称仿生学派。通过模拟人类神经系统的结构与功能，联结主义试图使机器拥有智能。同符号主义不同，联结主义主张结构模拟，认为智能行为同功能与结构紧密相关。联结主义通过模拟人类神经系统的结构功能来实现对智能行为的模拟，如图5.7和图5.8所示。联结主义的代表性进展是深度学习。随着脑神经科学研究的进展，特别是2006年深度学习技术瓶颈的解决，联结主义的研究也逐步取得了新的突破。

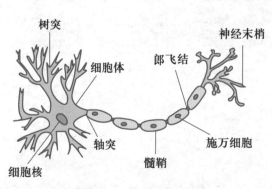

图5.7　人类神经元结构

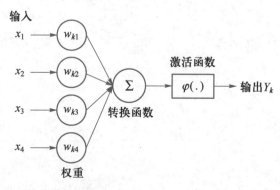

图5.8　模拟人类神经元的McCulloch-Pitts模型示意图

在符号主义逐渐衰弱的时候，联结主义的发展逐步兴起，在模式识别、游戏博弈甚至艺术创作方面都取得了突出表现。

3. 行为主义

行为主义，又称为进化主义或控制论学派。行为主义认为智能是通过感知外界环境做出相应行为。行为主义的主要贡献是机器人控制系统。基于控制论的"感知+动作"模式，行为主义采用行为模拟方法，模拟人在控制过程中的智能行为和作用，认为相同智能水平的行为表现就是智能。行为主义希望通过模拟生物的进化机制，使机器获得自适应能力。

行为主义代表成果是布鲁克斯研制的机器虫（图 5.9）。布鲁克斯认为，要求机器像人一样去思考太困难了，但可以先做一个机器虫，由机器虫慢慢进化，或许可以做出机器人。布鲁克斯成功研制了一个六足行走的机器虫实验系统。这个机器虫没有像人一样的推理和规划能力，但其应对复杂环境的能力却大大超过了原有的机器人，能够实现在自然环境下的灵活漫游。

人工智能各流派的融合发展是人工智能未来的发展趋势。人工智能三大学派的研究各有优劣，如图 5.10 所示，符号主义擅长知识推理，联结主义擅长数学建模，行为主义擅长感知行动。

符号主义	知识表示	知识图谱
联结主义	神经网络	深度学习
行为主义	控制论	机器人

图 5.9　六足智能机器人　　　　图 5.10　人工智能三大流派的研究路径

四、 人工智能的创造性、情感性和意向性

目前人类智能与人工智能本质区别的地方在于人类智能具有创造

性、情感性和意向性，这是当前人工智能不易逾越的藩篱。

1. 创造性

无论是遵循传统符号主义，还是沿袭目前以深度学习为代表的联结主义，人工智能在本质上还不具备创造性。

人类智能的创造性是外部社会和内在个体的统一，蕴含着自身独特的见解，包含其所处的特色社会文化特征。人工智能的创造性主要是依据数据和算法，依赖于人类的指导和评估，缺乏内在的主观意识。

2. 情感性

人工智能没有喜怒哀乐，更不会与人产生情感共鸣。20世纪90年代末，研究者开始关注人工智能中的情绪研究，并将情感视为与"思考"过程相似的思维方式，认为情感具有增强智能的功能。情绪系统是人类设计者为了实现特定目标编写的计算机程序，人工智能的"情感"是执行这类程序的反馈，是被预先编辑、组织和设定的。情绪系统发展至今，在识别和生成人类情绪方面的表现仍不尽如人意，缺乏情感的人工智能与人类间的互动，很多时候暴露出冰冷和笨拙。

3. 意向性

人类智能具有意向性，其活动是有目的、有计划的。人类能够根据主观意愿独立地制定目标，然后凭借自身积累的经验和掌握的知识应对所面临的问题，也可以根据环境变化和任务进展状态，自主完善和修改目标。人工智能无法自主产生行动目标，只能被动地执行人类设定的目标。人类是智能活动目标的制定者、完善者和修改者，人工智能既不能把控目标，也不能理解目标，只是一个被动的执行者。

五、 人工智能的宿体——智能机器人

人工智能发展至今，可以进行学习、感知、语言理解和逻辑推理等，运用这些能力必然需要一个载体，智能机器人便成为它的宿体，智能机

器人可以全面检验人工智能在各个研究领域的新技术。

1. 智能机器人与人工智能的关系

智能机器人有别于常规机器人，可以进行判断、逻辑分析、理解等智力活动。这些智力活动实质上都是信息处理过程，由人工智能技术支撑。机器人与人工智能结合，使机器人可以感知、思考与行动。如图 5.11 所示，展示了机器人、人工智能与智能机器人的关系。

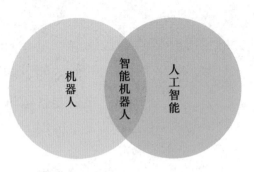

图 5.11　机器人、人工智能与
智能机器人的关系

2. 智能机器人的核心技术

智能机器人由硬件系统和软件系统构成，包括三大核心技术，分别是定位导航、人机交互和环境交互。智能机器人的技术与应用框架如图 5.12 所示。智能机器人是基于人工智能技术，把计算机视觉、语音处理、自然语言处理、自动规划等技术及各种传感器整合至机器人。扫地机器人、陪伴机器人、迎宾机器人等智能机器人在生活中随处可见，这些机器人能与人对话，能自主导航行走，能进行安防监控等，在一些脏、累、烦、险、精类型的工作上，大规模替代了人类。

内容服务	云端服务 数据挖掘

具体应用	清扫、送餐、接待等应用 软件、管理工具

机器人整机	复合基础硬件、机械、主板、CPU、系统、算法、控制，制成能满足一定功能的机器人整机

系统硬件	底盘系统 电机驱动 CPU、显示器	软件中间件	传统操作系统 Linux、Android、Windows 各支撑软件库

定位导航	人机交互	环境交互
自主环境构架、实时定位、自主目标导航	语言识别交互、视觉交互	机械臂物体抓取

图 5.12　智能机器人的技术与应用框架

　　"故宫百科机器人"项目可运用自然语言处理技术进行实现，基于百度的智能对话定制与服务平台 UNIT 能够零门槛开发此项目，实现以机器人为载体，自动根据知识库内容解答用户询问的故宫相关问题。

　　本案例的实现思路如图 5.13 所示。

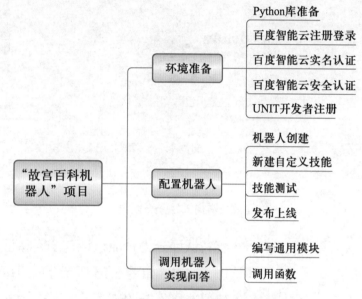

图 5.13　"故宫百科机器人"项目实现思路

任务 1　环境准备

1. 安装 Python 库 baidu.aip

提示

Python 库是指 Python 中完成一定功能的代码集合。

　　baidu.aip 是一个 Python 库，用于调用百度开发的机器人相关功能。具体操作为：打开 PyCharm 左下角的 Terminal，输入 "pip install baidu.aip"，按回车键开始安装，如图 5.14 所示。

图 5.14　安装 baidu.aip 库

2. 百度智能云注册登录

进入登录界面，可选择账号登录或是扫码登录，如无百度账号，则单击"立即注册"按钮自行注册并登录，如图 5.15 所示。

图 5.15 注册登录"百度智能云"

3. 百度智能云实名认证

实名认证分为企业认证与个人认证，此处选择个人认证，单击"立即认证"按钮，如图 5.16 所示。用户可选择银行卡认证或是人脸验证，此处建议选择人脸验证。

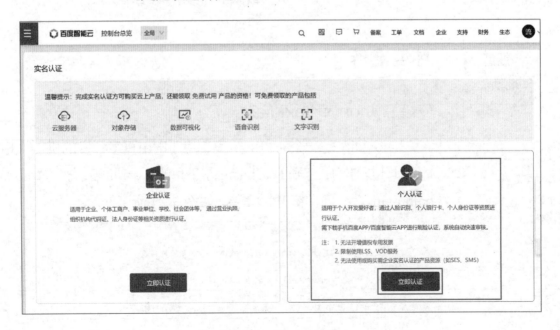

图 5.16 实名认证

4. 百度智能云安全认证

在用户中心单击"安全认证"按钮，获得 Access Key 和 Secret Key，如图 5.17 和图 5.18 所示。

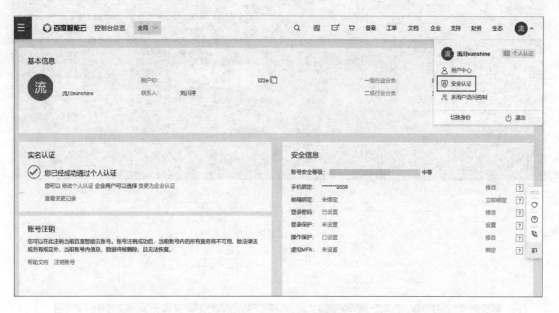

图 5.17　安全认证

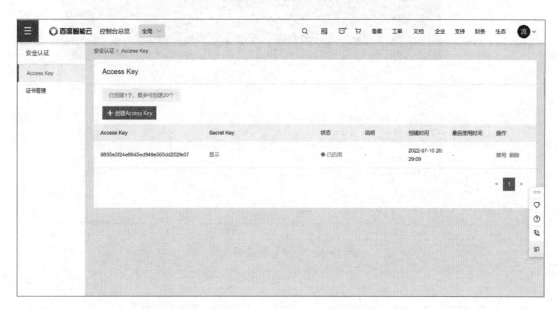

图 5.18　获得 Access Key 和 Secret Key

5. UNIT 开发者注册

① 登录百度智能对话 UNIT 平台，如图 5.19 所示，单击云端版中"免费试用"按钮。

图 5.19　登录"智能对话 UNIT"

② 完成开发者注册，开发者注册界面如图 5.20 所示，填写相关信息。

图 5.20　UNIT 开发者注册

任务 2　配置机器人

1. 创建机器人

在"我的机器人"界面中，单击"创建我的机器人"按钮，填写创建机器人的基本信息，此处将机器人命名为"小智"，如图 5.21 和图 5.22 所示。

图 5.21　创建"我的机器人"

图 5.22　填写机器人信息

2. 新建自定义技能

创建完机器人后要给机器人添加技能，使机器人具有相关功能，切换至"我的技能"界面，如图 5.23 所示。

图 5.23　进入"我的技能"

本项目希望机器人具有回答故宫相关主题的知识型问题的功能，在浏览完预置技能后发现平台并没有完全匹配的技能，因此需要新建自定义技能。在"我的技能"界面中单击"新建自定义技能"按钮，在弹出的"创建技能"面板中选择"问答技能"，单击"下一步"按钮，如图 5.24 所示。

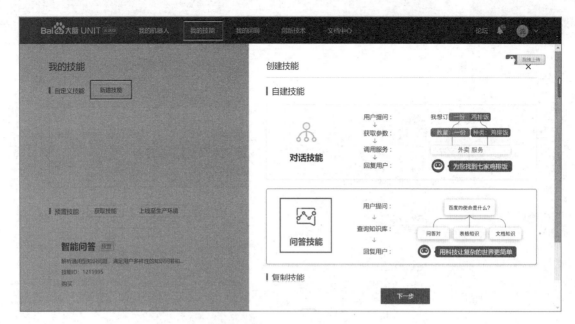

图 5.24　新建"问答技能"

在"选择问答技能类型"面板中选择"对话式文档问答","对话式文档问答"是通过上传篇章级别的语料,实现根据问题在篇章中匹配答案。确认选择后,单击"下一步"按钮,如图 5.25 所示。

图 5.25　选择问答技能类型

将技能命名为"故宫小百科",并给该技能填写描述,使调用该技能时可读性增强,填写完成后单击"创建技能"按钮,如图 5.26 所示。

图 5.26 填写技能信息

提示

此技能ID在后
续调用时会使用。

然后在"我的技能"界面中将出现"故宫小百科"技能,其技能ID 为"1213554",如图 5.27 所示。

图 5.27 "故宫小百科"技能

因百度未专门建立故宫相关的语料库,因此需要自己构建语料库。系统可支持 txt、doc、docx、pdf 格式的文档上传,同学们应尽可能多地收集故宫的相关知识,整理成对应格式的文档,再上传至平台;也可导入配套资源中准备好的文档"故宫百科.docx"。此处语料越多,算法的"粮食"越多,算法的效果将越好,能准确回答故宫相关问题的概率越大,故此处建议构建较大的语料库。导入语料库操作步骤为:单击"我的技能"界面中的"故宫小百科",然后单击"上传文档"按钮,最后单击"上传文件"按钮,选择需上传的文档,如图 5.28 所示。

图 5.28　上传文档

上传文档后,需对文档进行训练才能得到对应模型。接下来用语料训练模型,单击"训练"按钮,如图 5.29 所示。

图 5.29　"训练"界面

此时界面跳转,单击"训练并部署到研发环境"按钮,如图 5.30 所示。

图 5.30　训练并部署到研发环境

在弹出的"模型训练"界面中，填写"训练描述"，选择"模型部署环境"，完成选择后单击"确认训练并部署"按钮，如图 5.31所示。

图 5.31　"模型训练"界面

开始训练后"模型列表"会显示"训练进度"和"研发环境"，其变化过程为：训练进度由灰色的"训练中"变为绿色的"训练完成"后，研发环境从灰色的"部署中"变为绿色的"运行中"，如图 5.32所示。

图 5.32　模型训练完成

3. 技能测试

训练结束得到模型，此时单击左侧"测试"按钮，页面右边弹出对话面板，在对话框中输入"故宫里有什么文物"，配有该技能的机器人则会根据语料库进行回答，如图 5.33 所示。

图 5.33　测试技能

测试结束后，若满足预期，可将该技能添加至机器人，使机器人具有该技能。回到创建的机器人小智的设置界面，在"技能管理"选项卡中单击"添加技能"按钮，如图 5.34 所示。

图 5.34　添加技能

在页面右侧弹出的"我的技能库"面板中选择我们自定义的技能——"故宫小百科",将技能添加至机器人,如图 5.35 所示。至此,小智拥有了解答故宫相关问题的功能。

图 5.35　选择技能并添加至机器人

4. 发布上线

为使机器人可部署在网络中供用户使用,需要将机器人发布上线,发布上线后将得到 API Key 与 Secret Key 用于权限鉴定,在编程环境中填写该应用的 API Key 与 Secret Key,即可调用该功能。

在"发布上线"下拉列表中单击"研发/生产环境",再单击"获取API Key/Secret Key"按钮,如图5.36所示。

图5.36　发布上线

单击"创建应用"按钮,如图5.37所示。

图5.37　创建应用

填写"应用名称""应用类型""应用描述",选择接口后单击"立即创建"按钮,如图5.38所示。

创建完成后,应用列表中将显示该应用的相关信息,包括 API Key 与 Secret Key,如图5.39所示。

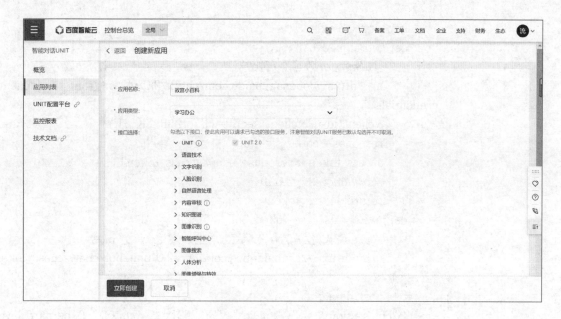

图 5.38　填写应用信息

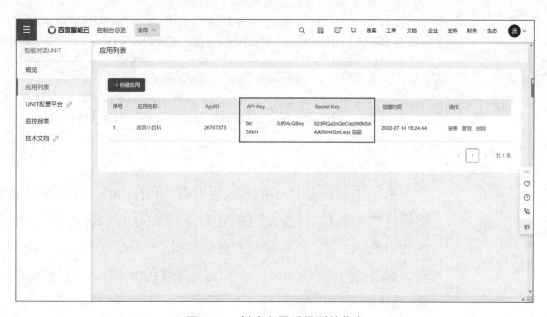

图 5.39　创建应用后得到的信息

任务 3　调用机器人实现问答

1. 编写通用模块

　　MyRobot.py 文件中包括两个函数，getBaiduAK 函数是根据 API Key 和 Secret Key 获取访问权限口令 access_token，myRobot 函数是根据权限口令、技能 ID、问题给出回答。这两个函数的主体都可以在百度开发文档中获取并编写成通用模块。代码如下：

```python
import requests
def getBaiduAK(AK,SK):
    # client_id 为官网获取的 AK, client_secret 为官网获取的 SK
    url='https://openapi.baidu.com/oauth/2.0/token?grant_type=client_credentials
&client_id={}&client_secret={}'.format(AK,SK)
    response=requests.get(url)
    access_token = response.json()['access_token']
    # print(access_token)
    return access_token
def myRobot(access_token,bot_id,Ask):
    # url 请求调用 UNIT 接口, 附上参数 access_token
    url = 'https://aip.baidubce.com/rpc/2.0/unit/bot/chat?access_token=' + access_token
    post_data = '{\"bot_session\":\"\",\"log_id\":\"7758521\",\"request\":{\"bernard_level\":1,\"client_session\":\"{\\\"client_results\\\":\\\"\\\",\\\"candidate_options\\\":[]}\",\"query\":\"' + Ask + '\",\"query_info\":{\"asr_candidates\":[],\"source\":\"KEYBOARD\",\"type\":\"TEXT\"},\"updates\":\"\",\"user_id\":\"88888\"},\"bot_id\":'+bot_id+',\"version\":\"2.0\"}'
    headers = {'Content-Type':'application/json'}
    response = requests.post(url, data=post_data.encode('utf-8'),headers=headers)
    return response.json()['result']['response']['action_list'][0]['say']
```

2. 调用函数

主文件 UseMyRobot.py, 用于实现问答功能。在相应位置填入创建好的 "故宫百科机器人" 的 API Key 和 Secret Key, 调用 MyRobot 模块中的 getBaiduAK 函数获得权限口令 access_token; AskText 字段为提出的问题, 调用 BaiduRobot 模块的 myRobot 函数得到问题答案。具体代码如下:

```python
#1 调用模块
import MyRobot

#2 根据 AK, SK 生成 access_token, 并附上自己的机器人技能 id
AK='5mMfMTEKB2Uf04cQ8ixy'              # 填入 API Key
SK='82dRQa3nQeCtezW6kSAAA0hH4Sz'       # 填入 Secret Key
access_token  = MyRobot.getBaiduAK(AK,SK)

bot_id='1213554'                        # 填入故宫小百科的技能 ID

#3 准备问题
AskText =  "故宫里有什么文物"
```

```
#4 调用机器人应答接口
Answer = MyRobot.myRobot(access_token,bot_id,AskText)

#5 输出回答
print(Answer)
```

PyCharm 中运行结果如图 5.40 所示,项目完成了关于故宫相关知识的智能问答。

图 5.40　PyCharm 中运行结果

本项目通过百度 UNIT 平台实现了基于特定任务——“故宫小百科”智能问答机器人的搭建。同学们后期可根据生活中的需要、真实情景进行自定义的技能设计,解决生活中的实际问题。

小结与测试

通过本项目学习,可以认识到人工智能是对人类的行为、特定智慧功能、人脑技术的投影,到目前仍是以人类智能作为参照和模仿对象;以及认识到我们仍处于弱人工智能时代,在向强人工智能时代迈进,符号主义、联结主义和行为主义的融合发展,是未来人工智能的大势所趋。在人工智能和人类智能之间,存在创造性、情感性和意向性构成的藩篱,使人工智能短期内无法超越人类智能。在体验实践环节,运用人工智能平台制作了故宫百科问答机器人,体验了人工智能为机器人赋“魂”的能力。

◆ 自我测试

(1)人工智能分为哪几个不同层次,说说我们处于哪个层次?

(2)简述人工智能三大流派的优势与劣势。

项目 6 人工智能的生态圈

步入新知

◆ 情景导入

农业是人类赖以生存的根本,对经济社会的稳定和发展起着至关重要的作用。人工智能在农业领域的应用和普及,将进一步促进现代农业的高速发展。目前,病虫害监测与防治工作量巨大,而相关人力和专家均不足。农业农村部、中央网信办印发的《数字农业农村发展规划（2019—2025 年）》中明确指出,要加快建设农业病虫害测报检测网络和数字植保防御系统,实现重大病虫害智能化识别和数字化防控。

目前 AI 在图像识别领域已非常成熟,可将其应用到农业病虫害检测中。未来 AI 技术将推进互联网智慧农业健康发展,提升农业现代化服务水平,助力中国智慧农业发展。

如水稻常见病害包括白叶枯病、稻瘟病、褐斑病、东格鲁病,可在田间地头安装自动判别水稻叶片病害的设备,完成自动诊断水稻叶片病害。

- 采集水稻叶片病害的数据。
- 对采集的数据进行分类。
- 对图像分类模型做迁移学习,生成模型。
- 使用测试集进行模型校验,查看效果。

◆ 学习目标

（1）了解人工智能的生态圈,理解其与人工智能的联系。

（2）意识到人工智能生态圈助力于农业的趋势。

（3）掌握智能硬件的结构与分类。

（4）完成图像分类模型的推理。

◆ 相关知识

一、 人工智能的触角——物联网

  物联网（Internet of Things，IoT）即"万物相连的互联网"，其通过传感器、射频识别技术、全球定位系统、红外感应器、激光扫描器等各种装置与技术，实时采集任何需要监控、 连接、互动的物体或过程，采集其声、光、热、电、力、化学、生物、位置等各种需要的信息，通过各类可能的网络接入，实现物与物、物与人的泛在连接，实现对物品和过程的智能化感知、识别和管理。物联网是一个基于互联网、传统电信网等的信息承载体，它让所有能够被独立寻址的普通物理对象形成互联互通的网络。

  物联网的技术架构如图 6.1 所示。

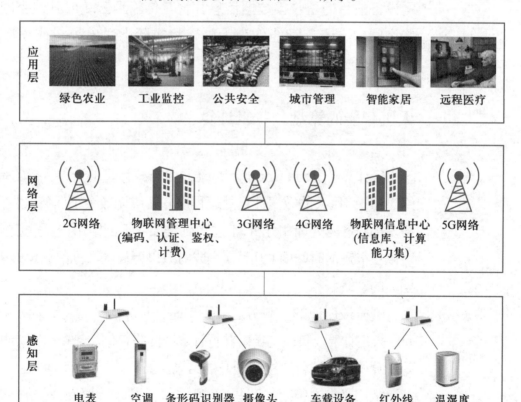

图 6.1 物联网的技术架构图

其中感知层是实现物联网全面感知的基础。以 RFID、传感器、二维码等为主，主要是通过传感器识别物体，从而采集数据信息。如汽车上的各类传感器。汽油液面高度的传感器可传递信息告知驾驶员汽油余量；在汽车停止时，感应震动的传感器若接收到震动就会发出警报。

网络层主要负责对传感器采集的信息进行安全无误的传输，并将收集到的信息传输给应用层。通信网络是实现"物联网"必不可少的基础设施，安置在动物、植物、机器和物品上的电子介质产生的数字信号可随时随地通过通信网络传送出去。只有实现各种传感网络的互联、广域的数据交互和多方共享，以及规模性的应用，才能真正建立一个有效的物联网。

应用层主要解决信息处理和人机界面的问题，主要通过数据处理及解决方案来提供人们所需的信息服务。应用层连接的是直接用户，为用户提供丰富的服务及功能，用户也可以通过终端在应用层定制自己需要的服务：如查询信息、监测信息、控制信息等。

物联网是人工智能发展的基础，是人工智能成长的土壤。物联网设备的目的是收集数据信息并将其传输到云端或其他空间，在这些空间中，人工智能作为大脑，将实际上做出决定或模拟机器的行动。

二、 人工智能的算盘——云计算

云计算（Cloud Computing）是分布式计算的一种，指的是通过网络"云"将巨大的数据计算处理程序分解成无数个小任务，然后，分发给多部服务器处理和分析，汇总得到结果后返回给用户。通过这项技术，可以在很短的时间内（几秒）完成对数以万计的数据的处理，从而实现强大的网络服务。

现阶段所说的云服务已经不单是一种分布式计算，而是分布式计算、效用计算、负载均衡、并行计算、网络存储、热备份冗余和虚拟化等计算机技术混合演进并跃升的结果。

从广义上说，云计算是与信息技术、软件、互联网相关的一种服务，这种计算资源共享池被称为"云"，云计算把许多计算资源集合起来，通过软件实现自动化管理，只需要很少的人参与，就能让资源被快速利用。也就是说，计算能力作为一种商品，可以在互联网上流通，就像水、电、煤气一样，可以方便地取用，且价格较为低廉。

人工智能发展的三个重要的基础，分别是数据、算力和算法，而云计算是提供算力的重要途径，所以云计算可以看成人工智能发展的基础。云计算除了能够为人工智能提供算力支撑之外，也能够为大数据提供数据的存储和计算服务，而大数据则是人工智能发展的另一个重要基础，所以从这个角度来看，云计算对于人工智能的发展十分重要。

三、　人工智能的血液——大数据

大数据由巨型数据集组成，海量的数据规模、快速的数据流转、多样的数据类型和价值密度低是大数据的四大特征。

大数据的数据类型多样，不仅包含文本形式，还包含图片、视频、音频、地理位置信息等多类型的数据，个性化数据占绝大多数。大数据的数据处理需要很快的速度，需从各种类型的数据中快速提取高价值的信息。

对大数据的处理分析正成为新一代信息技术融合应用的热点，然而大数据的体量大，给存储和计算带来了挑战，于是分布系统基础架构应运而生。如 Hadoop 是一个能够对大量数据进行分布式处理的软件框架，它以一种可靠、高效、可伸缩的方式进行数据处理，并允许使用简单的编程模型跨计算机集群对大型数据集进行分布式处理。它主要解决两个问题：大数据存储、大数据计算。

大数据是人工智能技术的"燃料"。人工智能的快速演进，不仅需要理论研究，还需要大量的数据作为支撑。"机器学习""深度学习"等技术要求有海量的数据作为模型的训练集，在算法和算力不变的情况下，数据量越大，模型表现力越好。

大数据虽有海量数据，但数据杂乱无章，信息密度低，为了利用人工智能技术对数据进行更好的学习，在使用大数据之前，工作人员首先需是对数据进行清洗、标注。

四、　人工智能的安全保障——区块链

区块链，就是一个又一个区块组成的链条，每一个区块中保存了一定的信息，它们按照各自产生的时间顺序连接成链条。这个链条被保存

在所有的服务器中，只要整个系统中有一台服务器可以工作，整条区块链就是安全的。这些服务器在区块链系统中被称为节点，它们为整个区块链系统提供存储空间和算力支持。

目前，区块链的应用已从单一的数字货币应用延伸到社会的各个领域，区块链的应用领域如图 6.2 所示。

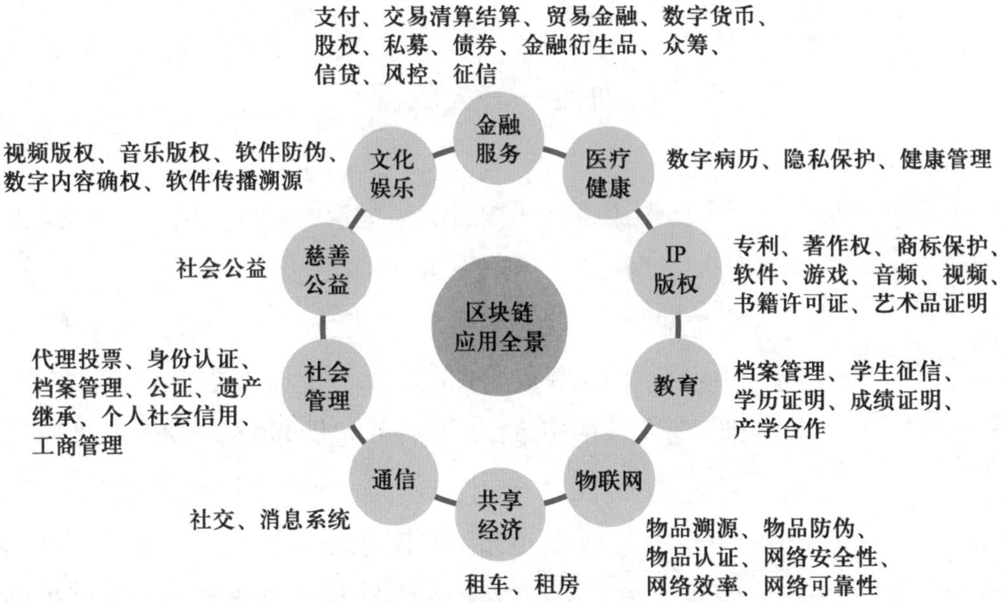

图 6.2　区块链的应用领域

区块链是数据的存储方式，人工智能则是由数据产生的应用。人工智能作为新一代信息技术的引擎，数据的收集与分析是其重要基础，而区块链凭借分布式、分散、不变等特点，主要用于对数据进行分散式加密和存储，前者是将数据进行整合，后者是将数据进行分散，看起来完全不相容，两者其实是相辅相成的，"数据"是它们之间的连接点。众所周知，区块链是一种管理数据的技术，而数据又是人工智能发展的"食粮"，利用数据将壁垒打通，区块链与人工智能间便能产生十分奇妙的化学反应。

区块链技术可以对大数据进行公开、安全和共享化的管理，因此一方面能为人工智能发展提供养分，另一方面有利于缺乏数据资源的人工智能企业发展，此外也能让人工智能做出的决策更加透明、连贯和易于理解，使人们更加信赖人工智能技术。简单来说，区块链技术的融入不仅让人工智能技术本身得到了升级和发展，同时还让相关行业、企业也因此得利，这对于人工智能产业来说，无疑是一个巨大的推动力。

而人工智能对于区块链技术发展来说，同样具有显著作用。人工智能在算法上的突破，也能帮助区块链提升数据的传输效率。区块链中数据加密是一项复杂而缓慢的工作，单纯依靠计算机的算力处理起来非常麻烦，人工智能的加入则为其算力提升和处理效率的升级提供了重大帮助。依靠人工智能的"大脑"加持，区块链技术对数据的加密处理将上升一大台阶，这对于其技术应用和未来发展来说，同样意义重大、价值显著。

五、 人工智能的编程利器——Python

Python 是一门编程语言。对于程序员来说，想要从事 AI 和机器学习相关的工作，Python 是不二之选。Python 语言已经运用得越来越广泛，很多公司都选用 Python 进行网站界面、搜索引擎、云计算、大数据、人工智能、科学计算等方向的开发。Python 的如下特性决定了其适合作为人工智能的编程语言。

① 高级语言。当开发人员用 Python 语言编写程序的时候，不必考虑诸如管理程序使用的内存一类的底层细节。所以 Python 程序看上去总是简单易懂，初学者学 Python，不但入门容易，而且将来深入下去，依然可以编写非常复杂的程序。

② 可移植性。由于 Python 是开源的，它已经被移植在许多平台上，如 AIX、HPUX、Solaris、Linux、Windows 等。

③ 可扩展性。如果开发者需要某段关键代码运行得更快或者希望某些算法不公开，开发者可将其部分程序用 C 或 C++编写，然后在其 Python 程序中使用它们。

④ 可嵌入性。开发者可将 Python 嵌入 C/C++程序，从而向程序用户提供脚本功能。

⑤ 开发效率高。Python 有非常强大的第三方库，几乎任何领域 Python 都有相应的模块进行支持，直接下载调用后，在库的基础上再进行开发，将大大降低开发周期。下面列举部分人工智能相关的 Python 库。

• Scikit-Learn：针对 Python 编程语言的机器学习库。

• Keras：由 Python 编写的开源人工神经网络库。

- LTP：由哈尔滨工业大学社会计算与信息检索研究中心开发的一套中文语言处理工具。
- HanLp：自然语言处理（NLP）开发工具包。

六、　人工智能的开发框架——飞桨

在深度学习初始阶段，每个深度学习研究者都需要写大量的重复代码。为了提高工作效率，研究者将这些代码写成了一个框架放在互联网上让所有研究者一起使用。全世界较常用的深度学习框架有飞桨、Tensorflow、Caffe、Pytorch 等，见表 6.1。

表 6.1　各深度学习框架信息表

框架名称	基本介绍	主要特性和优势
飞桨	2013 年百度自主研发的深度学习平台	（1）代码易于理解，官方提供丰富的学习资料及工具； （2）框架具备非常好的扩展性，并且提供了丰富全面的 API，能够实现用户各种天马行空的创意； （3）基于百度多年的 AI 技术积累以及大量的工程实践验证，框架安全稳定； （4）框架能够一键安装，针对 CPU、GPU 都做了众多优化，分布式性能强劲，并且具有很强的开放性
Tensorflow	采用数据流图进行数值计算的开源软件库	（1）具有灵活性、可移植性； （2）加强了科研和产品之间的相关性； （3）具有自动求微分的能力、支持多语言、最大化系统性能、支持分布式执行、生态系统包含许多工具和库、支持 CPU 和 GPU 运行
Caffe	深度学习框架	表达力强、速度快和模块化
Pytorch	开源的神经网络框架	（1）可以混合前端，提高灵活性和速度； （2）深度集成在 Python 中，允许用户使用 Python 的库和包编写神经网络层； （3）拥有丰富的工具和函数库； （4）具有简洁易懂的代码； （5）具有强大的社区； （6）构建图形的每行代码都定义了该图的一个组件，并且每个组件都可以独立于完整的图运行

2016 年 9 月 1 日百度世界大会上，百度首席科学家吴恩达首次宣布将百度深度学习平台对外开放，命名为飞桨（PaddlePaddle）。飞桨作为国内首个深度学习开源平台，可以通过简单的代码搭建经典的神经

网络模型,支撑复杂集群环境下超大模型的训练。在百度内部,已经有大量产品用了基于飞桨的深度学习技术,如图 6.3 所示。

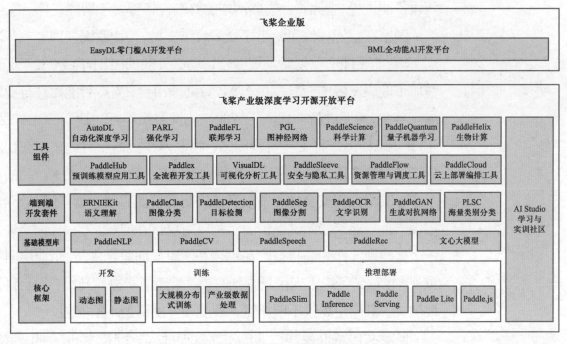

图 6.3 飞桨架构图

飞桨突破了超大规模深度学习模型训练技术,率先实现了千亿稀疏特征、万亿参数、数百节点并行训练的能力,解决了超大规模深度学习模型的在线学习和部署难题。

飞桨建设了大规模的官方模型库,算法总数达到 500 多个,包含经过产业实践长期打磨的主流模型以及在国际竞赛中的夺冠模型;提供面向语义理解、图像分类、目标检测、图像分割、文字识别(OCR)、语音合成等场景的多个端到端开发套件,其中产业级知识增强的文心大模型,已经形成涵盖基础大模型、任务大模型和行业大模型的三级体系。学术和工业上都可以应用飞桨,其有丰富的资料代码库可以参考,代码也较好上手。

七、 人工智能的嫁衣——智能硬件

1. 智能硬件的发展状态

智能硬件是物联网与人工智能技术的重要载体。连入网络中的设备最开始是计算机、手机等设备,构成了互联网。随着通信、云计算、人工智能等技术的飞快发展,互联网延伸拓展成物联网,无论是计算机还

是水杯都可以连入网络，这使得物联网中的设备数量远远超越互联网中的设备数量。人工智能技术使得传统设备具有"智能"，物联网使得传统设备能进行"通话"，物联网中的终端设备都属于智能硬件。

国家在智能硬件上给出了众多政策支持，《物联网发展专项行动计划》《智能硬件产业创新发展专项行动(2016—2018 年)》《关于促进智慧城市健康发展的指导意见》等政策陆续出台，支持智能硬件行业的发展。其中，《促进新一代人工智能产业发展三年行动计划(2018—2020年)》明确指出，将支持智能传感、物联网、机器学习等技术在智能家居产品中的应用，提升家电、智能网络设备、水电气仪表等产品的智能水平、实用性和安全性，发展智能安防、智能照明、智能家具等产品，建设一批智能家居测试评价、示范应用项目并推广。

智能硬件作为高科技产品不仅在国家层面得到支持、企业层面得到重视，也得到了广大人民群众的喜爱。恰逢消费提质升级，加上科技落地加快，其应用场景不断拓宽，智能硬件使用量不断增加。

随着我国智能硬件产业的不断发展壮大，维护专利权利也至关重要。因此，国内企业在不断探索、完善智能硬件相关技术的同时，还应更加重视专利意识，加强对自身知识产权的保护。

2. 智能硬件基本结构

智能硬件也称为智能终端设备。智能硬件是以平台性底层软硬件为基础，以智能传感互联、人机交互、新型显示及大数据处理等新一代信息技术为特征，以新设计、新材料、新工艺硬件为载体的新型智能终端产品及服务。智能硬件一般具有智能连接能力、感知外界环境的能力、对外界环境变化做出反应或与外界环境进行交互的能力。

智能硬件一般由 4 部分构成：微控制器，作为智能硬件"大脑"控制设备；输入设备，用于检测设备及其周边环境；输出设备，用于提示信息或直接作用于周边环境；网络接口，用于连接服务器或控制端，如图 6.4 所示。

3. 智能硬件的分类

根据应用场景和领域，可以将智能硬件产品分为多种类别，如智能穿戴产品、智能家居产品、智能交通产品、智能医疗产品、智能教育产品、智能制造产品等，如图 6.5 所示。因为以上几类智能硬件产品相对其他类别的智能硬件产品更常见且渗透率更高,所以下面主要对它们进行介绍。

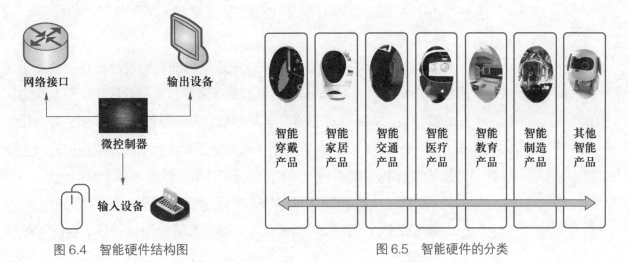

图6.4　智能硬件结构图

图6.5　智能硬件的分类

（1）智能穿戴产品

智能穿戴产品是指将日常穿戴产品与智能化设计相结合,开发出的可以穿戴的产品的总称,如智能手表、智能耳机、智能头盔等。智能穿戴产品内置了多种传感器,一般都能够接入互联网与手机应用进行通信,功能包括健康管理、运动监测、定位导航、社交通信等。通过智能穿戴产品,人们可更好地感知外部环境信息与监测自身的信息。智能穿戴产品通常可以分以下几种类型。

- 手戴类设备:如智能手环、智能戒指等。
- 头戴类设备:如智能耳机、AR设备、智能头盔等。
- 穿着类设备:如智能跑鞋、智能鞋垫、智能服饰等。

（2）智能家居产品

智能家居是目前普及程度较高的智能硬件产品。它是指以住宅为载体,利用网络通信、物联网、安全防范、自动控制等多种技术将家居生活有关的设施进行集成,打造高效的家居日程事务管理系统,使家居生活变得更加便捷、安全、舒适和环保。智能家居不是一款智能硬件设备,而是多个家居类的智能硬件组成的一个智能化家居环境。智能家居通过物联网技术将居家环境中的多种设备（如照明设备、温控设备、安防设备等）连接到一起,实现家电控制、环境监测、远程控制等多种功能,为人们提供智能卫浴、智能睡眠、智能安防等多种服务。智能家居产品通常可以分为以下几种类型。

- 家用电器类:如智能电视、智能投影仪、智能洗衣机、智能扫地机器人等。

- 安全监测类：如智能摄像头、智能恒温器、智能门锁、智能门禁等。
- 生活用品类：如智能马桶盖、智能水杯、智能窗帘、智能床垫等。

（3）智能交通产品

智能交通产品是智慧交通系统中最外围的智能硬件设备。智慧交通系统是指将计算机、传感器、自动控制等多种技术综合应用于整个交通运输管理体系，从而形成一种安全、高效、节能的综合运输系统，如智慧停车、智慧出行等。智能交通产品是智慧交通系统面向厂商或用户的智能硬件设备。其中，面向用户的智能交通产品常可以分为以下两种类型。

- 交通工具类：如智能电动车、智能滑板、智能平衡车、智能自行车等。
- 车载工具类：如智能车载导航仪、智能行车记录仪、智能车载净化器等。

（4）智能医疗产品

智能医疗系统是指将计算机、传感器、自动控制等多种技术综合应用于整个医疗管理体系，使医疗信息能够被智能化采集、转换、传输、处理，从而实现患者与医护人员、医疗机构、智能医疗设备之间的互动。与智能交通系统类似，智能医疗系统也是一套智能化的管理体系，以智能医疗产品作为系统的外围设备。智能医疗产品通常能够检测人体的生理数据，并可以将这些数据上传至云端，在云端经过一系列分析和处理后，向用户展示数据并提供建议，实现智能医疗产品的健康医疗价值。智能医疗产品通常可以分为以下两种类型。

- 健康类：指具备智能化系统，但达不到医疗级别的具备人体数据监测相关功能的智能设备，如智能人体秤、智能床垫、智能手环、智能头带等。
- 医疗类：指具备智能化系统，且达到了医疗级别的具备人体数据监测相关功能的智能设备（医疗器械），如智能手术机器人、智能胰岛素泵、智能血糖仪等。

（5）智能教育产品

智能教育产品是指将教育和学习场景中的用品与智能化设计相结合，开发出的能够应用于教育和学习场景的教具类设备的统称，如智能黑板、智能编程机器人、智能学习机等。智能教育产品通常结合大量第三方的学习资料来供终端用户教学或学习。例如，智能黑板中包含大量的课件，老师通过拖动、滑动等操作即可轻松地将课程内容展示给学生，从而达到良好的课堂学习效果。

智能教育产品通常可以分为以下两种类型。

- 教学类：指具备智能化系统的教学工具和教学设施等，如智能黑板、VR 智能教室、智能答题器等。
- 自学类：指能够直接教授使用者某些特定内容的智能化设备，如智能编程机器人、智能点读笔、智能学习机等。

（6）智能制造产品

智能制造系统是具有信息感知、自动决策、自动执行等功能的先进制造过程、系统和模式的总称。它是人机一体化系统，能够通过物联网、大数据、云计算、人工智能等技术模拟人的智力活动，以取代一部分生产制造中人的脑力和体力劳动。其涉及的内容主要包括智能生产、智能物流、智能工厂等。而智能制造产品则是智能制造系统中的智能硬件设备，主要应用于生产制造环境，如智能物流机器人、智能机械臂、智能机床、智能分拣机器人等。

（7）其他智能产品

其他智能产品主要包括智能玩具、智能相机、智能无人机、智能迎宾机器人等。

体验实践 ········· **"水稻叶片病害诊断"项目开发**

本书项目 2 中提到，"人工智能+农业"使得人工智能时代的"新农民"可以利用新技术提高农业生产经营效率。本任务利用微控制器自动诊断水稻叶片病害的种类，利用 AI 视觉模块将 AI 技术应用在传统农业中，使农民能迅速知道水稻发病种类，对发病水稻对症下药。本项目将便携的智能摄像头对准发病水稻的叶片从而显示水稻目前遭受的病害，有利于农业专家尽快采取针对性的治疗，减轻农民的损失；将训练好的图像分类模型导入智能硬件中，智能硬件体积小、质量轻，预测速度快、操作简单，相比于拍摄照片在网络上提问或先采集图片再利用部署在服务器的模型预测病害种类，操作更为简单，反馈更为迅速。

本项目选取 Jetson Nano 模块作为智能硬件的微控制器，Jetson Nano 模块是一款低成本的 AI 计算机，具备超高的性能和能效，可以运行现代 AI 工作负载，并行运行多个神经网络，以及同时处理来自多个高清传感器的数据。Jetson Nano 的结构如图 6.6 所示。

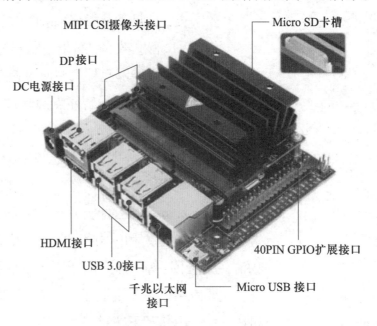

图 6.6　Jetson Nano 结构图

Jetson Nano 有 4 个 USB 接口，可接入外设；电源接口有 DC 接口和 Micro USB 接口，其中 DC 接口是输入固定电压的接口；一个千兆以太网接口，用来插网线以连接外网；两个显示接口，分别是一个 HDMI 接口，一个 DP 接口；此外还有两个 MIPI CSI 摄像头接口，用来接外接摄像头；Micro SD 卡槽用来插入 SD 卡。

任务 1　准备软件、硬件和数据

本项目拟搭建一个通过监测水稻叶片智能判别水稻病害种类的智能硬件设备。

1. 硬件准备

在前面相关知识中提到，智能硬件由微控制器、输入设备、输出设备和网络接口组成。

微控制器：Jetson Nano 人工智能模块；

输入设备：带 USB 接口的有线或者无线键盘、鼠标；

输出设备：具有 DP 接口或 HDMI 接口的显示器，或者准备转接线；

网络接口：网线或者 Wi-Fi 模块；

其他：计算机、摄像头、SD 卡（建议容量为 64 GB 以上）、读卡器。

2. 软件准备

虚拟机（VMware-workstation-full-15.5.6-16341506）；

Ubuntu 镜像（clb_jetson_ubuntu1804）：安装在虚拟机上的 Ubuntu 系统；

烧录工具（balenaEtcher-Setup-1.7.7）；

Jetson Nano 镜像文件（jetson-nano-jp461-sd-card-image-2022-3-8）：安装在 Jetson Nano 模块上的 Ubuntu 系统，包内含 Python3.6、cuda10.2 等。

3. 数据集准备

本文的数据集选自2020年的论文中的公开数据集——水稻叶片病害数据集，其中包含 5932 张图片，4 类水稻叶片病害，包括白叶枯病（Bacterial Blight）、稻瘟病（Blast）、褐斑病（Brown Spot）、东格鲁病（Tungro）。可在配套资源中下载。

因数据量小于一万，按照通常划分数据集的比例 6∶2∶2 将数据集分成训练集、验证集、测试集，并建立 labels.txt，分行填写对应分类的名称。

4. 烧录系统

① 将 SD 卡插入读卡器，再将读卡器插入计算机。此时可安装烧录工具 balenaEtcher，打开配套资源中的安装文件进行安装，balenaEtcher 安装成功后页面如图 6.7 所示。

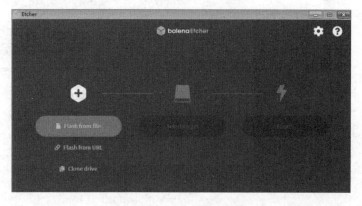

图 6.7 balenaEtcher 界面

② 单击 "Flash from file" 按钮，选中配套资源中的 Jaston Nano 镜像文件，单击 "打开" 按钮，如图 6.8 所示。

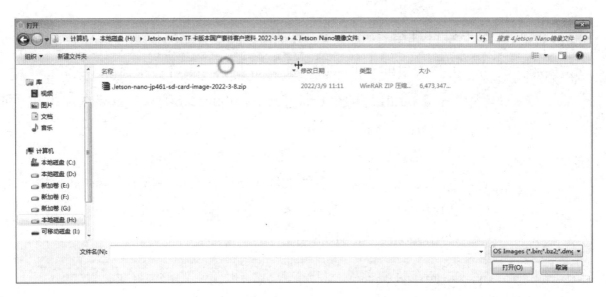

图 6.8　打开 Jetson Nano 镜像文件

③ 在 balenaEtcher 中选择盘符和 SD 卡，进行系统烧录，如图 6.9 所示。

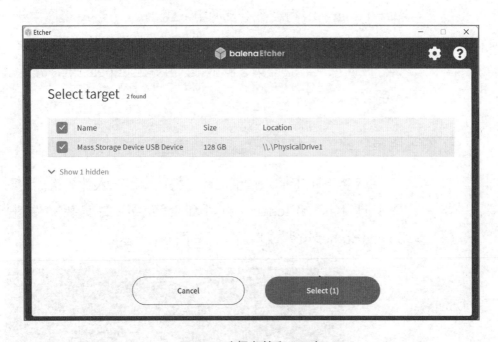

图 6.9　选择盘符和 SD 卡

④ 该软件不仅会进行系统烧录，还会在烧录完成后进行检验，如图 6.10 所示为烧录状态。

图 6.10　烧录状态

⑤ 烧录完成后，balenaEtcher 将进行校验，如图 6.11 所示。

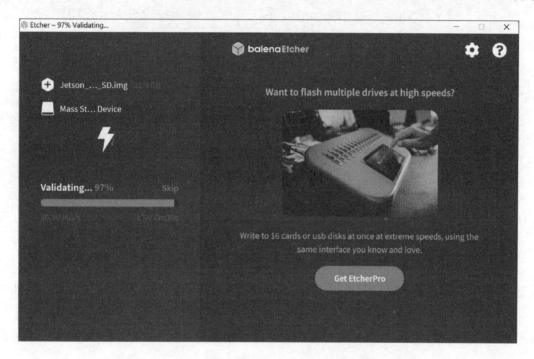

图 6.11　balenaEtcher 检验烧录的系统

⑥ 检验完成后，界面会显示 "Flash Complete!"，如图 6.12 所示。此时烧录系统成功，可进入下一环节。

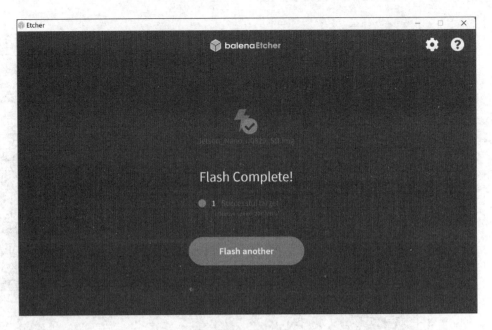

图 6.12　烧录完成

⑦ 烧录完成，拔掉烧录线、DC 电源线，从读卡器中取出 SD 卡，插入 Jetson Nano 的 Micro SD 卡槽中，连接外界显示器，输入密码：nvidia，显示 Ubuntu 系统界面，表明烧录 SD 卡成功。

任务 2　训练模型

在项目开始前，首先要了解训练与推理的区别。训练过程是神经网络不断对训练数据集进行学习的过程。训练包括前向传递和后向传播两个阶段，前向传递用于预测标签，然后再通过预测标签与真实标签之间的误差进行后向传播，不断修改神经网络的权重。在训练的过程中，神经网络的权重是不断变化的。

推理的目的是输出预测标签，仅仅包含前向传递阶段，而且神经网络的权重是不变的。简言之，推理阶段就是利用训练好的神经网络进行预测。

1. 重新训练模型

本项目本质上是基于 ResNet-18 模型针对水稻叶片病害数据集进行重新训练，以获得更符合项目要求的分类模型。在本项目提供的镜像里已包含 ResNet-18 模型、水稻叶片数据集、jetson-inference 项目，故可直接进行模型训练。

启动训练命令如图 6.13 所示。

图 6.13　启动训练命令

若训练时显示内存不足或被终止,是因为训练会占用大量额外的内存, 请尝试挂载 swap 并禁用桌面 GUI。

挂载 swap 命令如下。

```
sudo systemctl disable nvzramconfig
sudo fallocate -l 4G /mnt/4GB.swap
sudo mkswap /mnt/4GB.swap
sudo swapon /mnt/4GB.swap
```

此步骤会花费几个小时, 建议学生稍作体验, 教师讲解完控制台中显示的文本后, 直接提供给学生训练好的模型。学生通过 U 盘将教师提供的模型拷贝至 Jetson Nano 开发板中的 models/ricedata 目录下即可。

2.　将模型转换为 ONNX 格式

TensorRT 是 NVIDIA 开发的高性能深度学习推理 SDK。此 SDK 包含深度学习推理优化器和运行环境,可为深度学习推理应用提供低延迟和高吞吐量的推理。在推理过程中, 基于 TensorRT 的应用程序比仅使用 CPU 作为平台的应用程序要快 40 倍。

要使用 TensorRT 运行重新训练的 ResNet-18 模型进行测试和实时推理, 首先需要将 PyTorch 模型转换为 ONNX 格式, TensorRT 才可以加载它。ONNX 是一种开放式的模型格式, 支持许多流行的机器框架, 包括 PyTorch、TensorFlow、TensorRT 等, 因此它简化了工具之间的模型传输。

PyTorch 内置了将 PyTorch 模型转换为 ONNX 格式的方法, 运行如图 6.14 所示命令, 使用脚本 "onnx_export.py" 将 ricedata 模型转换为 "resnet18.onnx" 模型。

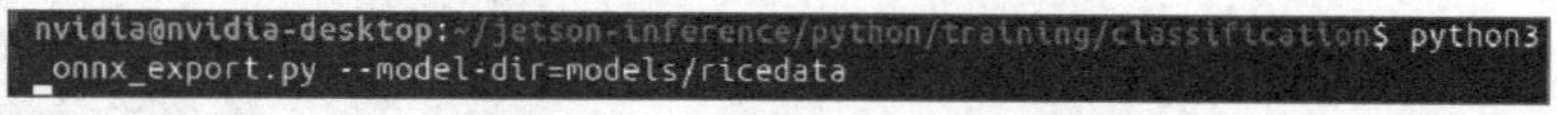

图 6.14　转换模型格式命令

该命令将在 jetson-inference/python/training/classification/models 目录下创建一个"resnet18.onnx"模型。

1. 用 TensorRT 处理图像

为了对静态测试图像进行分类,我们将使用扩展的命令行参数来加载任务 2 中重新训练的自定义 ResNet-18 模型。要运行这些命令,终端的工作目录仍应位于 imagenetjetson-inference/python/training/classification/,此时运行如图 6.15 所示命令。

```
nvidia@nvidia-desktop:~$ cd jetson-inference/python/training/classification
nvidia@nvidia-desktop:~/jetson-inference/python/training/classification$ NET=models/ricedata
nvidia@nvidia-desktop:~/jetson-inference/python/training/classification$ DATASET=data/ricedata
nvidia@nvidia-desktop:~/jetson-inference/python/training/classification$ imagenet.py --model=$NET/resnet1
8.onnx --input_blob=input_0 --output_blob=output_0 --labels=$DATASET/labels.txt $DATASET/test/Bacterialbl
ight/BACTERAILBLIGHT3_004.jpg Bacterialblight.jpg

nvidia@nvidia-desktop:~/jetson-inference/python/training/classification$ imagenet.py --model=$NET/resnet1
8.onnx --input_blob=input_0 --output_blob=output_0 --labels=$DATASET/labels.txt $DATASET/test/Blast/BLAST
1_006.jpg Blast.jpg

nvidia@nvidia-desktop:~/jetson-inference/python/training/classification$ imagenet.py --model=$NET/resnet1
8.onnx --input_blob=input_0 --output_blob=output_0 --labels=$DATASET/labels.txt $DATASET/test/Brownspot/b
rownspot_orig_003.jpg Brownspot.jpg

nvidia@nvidia-desktop:~/jetson-inference/python/training/classification$ imagenet.py --model=$NET/resnet1
8.onnx --input_blob=input_0 --output_blob=output_0 --labels=$DATASET/labels.txt $DATASET/test/Tungro/TUNG
RO1_003.jpg Tungro.jpg
```

图 6.15 测试单张图片命令

以上代码是在各种病害的 test 数据集中挑一张进行预测,如在 Bacterialblight 的测试集上选择图片"BACTERAILBLIGHT3_004.jpg"进行预测,预测结果将标注在图片"Bacterialblight.jpg"中,如图 6.16 所示。Bacterialblight.jpg 的左上角显示"99.35% Bacterialblight",表明这张图片有 99.35% 的可能性是 Bacterialblight 病,与事实相符。

图 6.16 预测结果示意图

2. 利用测试集检验模型效果

运行如图 6.17 所示命令，在 E:\jetson-inference\python\training\classification\data\ricedata\test 目录下创建储存各类病害图片预测结果的文件夹。

图 6.17　创建储存各类病害图片预测结果的文件夹的命令

运行 4 条 imagenet 命令，如图 6.18 所示，调用 ResNet-18 模型对 test 文件夹下的图片依次预测，判断图片中的水稻叶片是哪种疾病。标注了预测结果的图片将保存到 test_output/目录下对应的文件夹中，如 test_output_Bacterialblight 文件夹中就保存了 Bacterialblight 类疾病的预测结果，如图 6.19 所示，图像左上角标注了"99.35% Class #0"表明该图片的水稻有 99.35% 的概率是第 0 种病，也就是 Bacterialblight 疾病。

```
nvidia@nvidia-desktop:~/jetson-inference/python/training/classification$ imagene
t --model=$NET/resnet18.onnx --input_blob=input_0 --output_blob=output_0 --label
s=$DATASET/../labels.txt $DATASET/test/Bacterialblight $DATASET/test_output_Bact
erialblight
nvidia@nvidia-desktop:~/jetson-inference/python/training/classification$ imagene
t --model=$NET/resnet18.onnx --input_blob=input_0 --output_blob=output_0 --label
s=$DATASET/../labels.txt $DATASET/test/ Blast $DATASET/test_output_Blast
nvidia@nvidia-desktop:~/jetson-inference/python/training/classification$ imagene
t --model=$NET/resnet18.onnx --input_blob=input_0 --output_blob=output_0 --label
s=$DATASET/../labels.txt $DATASET/test/Brownspot $DATASET/test_output_Brownspot
nvidia@nvidia-desktop:~/jetson-inference/python/training/classification$ imagene
t --model=$NET/resnet18.onnx --input_blob=input_0 --output_blob=output_0 --label
s=$DATASET/../labels.txt $DATASET/test/Tungro $DATASET/test_output_Tungro
```

图 6.18　预测 4 个文件夹下的图片

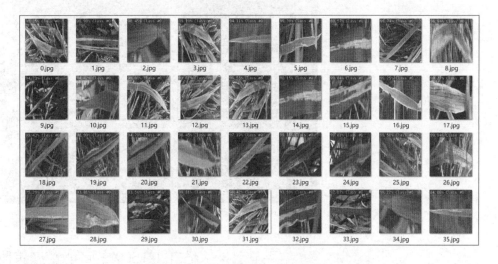

图 6.19　测试集中预测结果为 Bacterialblight 类的所有图片

3. 安装摄像头

将MIPI CSI摄像头连接到Jetson Nano的MIPI CSI摄像头接入软件上，检查是否安装好。此时只需在终端输入“ls /dev/video*”，即可显示所有的视频设备，如图6.20所示。查看后发现，video0即MIPI CSI摄像头已接入，可进行实时画面监控。

```
nvidia@nvidia-desktop: ~
nvidia@nvidia-desktop:~$ ls /dev/video*
/dev/video0
```

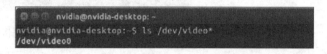

图6.20　MIPI CSI摄像头接入命令

4. 运行实时摄像机程序

此时启动模型即可实现实时对监控的水稻叶片进行病害诊断，输入如图6.21所示命令。

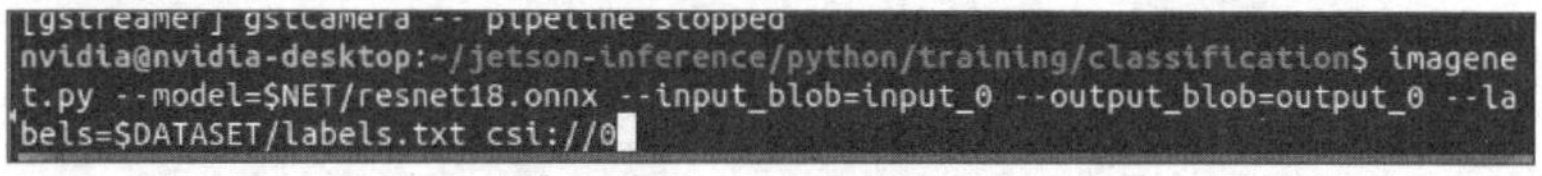

```
[gstreamer] gstCamera -- pipeline stopped
nvidia@nvidia-desktop:~/jetson-inference/python/training/classification$ imagene
t.py --model=$NET/resnet18.onnx --input_blob=input_0 --output_blob=output_0 --la
bels=$DATASET/labels.txt csi://0
```

图6.21　启用模型命令

若此时摄像头监控到水稻叶片发病，经模型预测后，输出结果如图6.22所示。

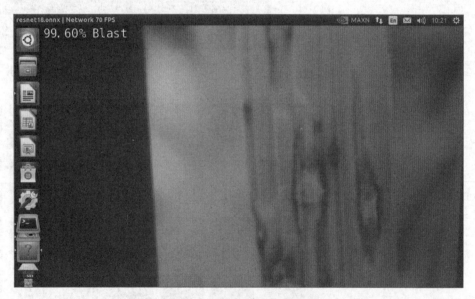

图6.22　摄像头显示场景图

结果显示该水稻有99.60%的可能性患病种类是Blast，表明该Jetson Nano开发板具备了实时诊断水稻叶片病害的能力。

Jetson Nano 作为微控制器，结合输入设备、输出设备、网络接口，再进行外观上的设计、封装，一个可以诊断水稻叶片病害的智能硬件由此完成。该智能硬件在田间的部署及与已有智慧农业系统的联动如图 6.23 所示。

图 6.23　智能硬件田间部署示意图

实际使用时可根据该智能硬件配备的实时相机的摄像能力确定智能硬件的工作范围，从而确定田间智能硬件的密度。

项目采用 C/S 架构，如图 6.24 所示。每块稻田的智能硬件通过网络路由将收集的数据传输至服务器，经数据分析后返回结果，呈现在屏幕中。若水稻出现病变，屏幕上方还会显示最有可能病变的种类及该疾病与目前水稻状态的相似度。当水稻出现病变时，监控系统监控到异常，会发起警报，使农民可以尽早采取相应措施，减小损失。

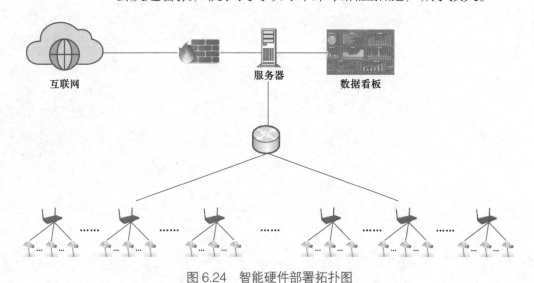

图 6.24　智能硬件部署拓扑图

在本项目中，逐一认识了人工智能生态圈中的物联网、云计算、大数据、区块链、编程语言、开发框架和智能硬件，了解了这些技术的作用与价值，进一步学习了它们如何支持和促进人工智能的发展。在体验实践环节中，训练出水稻叶片常见病害诊断模型，通过连接硬件、配置系统、部署模型，实现了在 Jeson Nano 边缘计算板上运用模型，完成水稻叶片病害诊断系统的开发与部署，体验到智能硬件促进人工智能应用于农业的巨大价值。

◆ 自我测试

（1）本项目中提及的人工智能生态圈中的主要技术，你认为哪项对人工智能的促进作用最大，说说原因。

（2）本项目中的体验实践，可以做哪些应用的扩展？

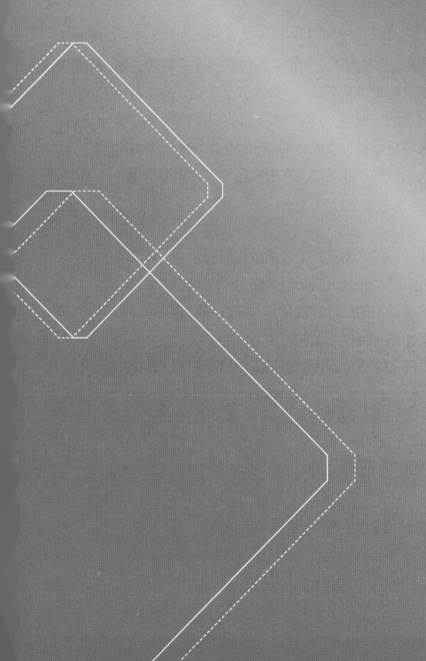

第**3**篇

人工智能赋能

◆ 情境导入

2006 年是人工智能发展史上一个重要的分界点，在这一年深度学习神经网络被提出，这使得人工智能的性能获得了突破性进展，深度学习的发展将人工智能带进全新阶段。依靠算法和强大的算力，深度学习取得了令世人瞩目的成就。深度学习广泛应用于图像识别、文字识别、声音识别以及大数据分析等领域，并取得了非常好的效果，引发了广泛的关注和全球人工智能产业风潮，在未来还将发挥重要作用。

◆ 学习目标

（1）了解生物神经网络及其信号的传递过程。

（2）掌握人工神经元及人工神经网络的学习过程。

（3）掌握机器学习的三种方式及其与深度学习的关系。

（4）理解简单的神经网络结构。

（5）掌握可视化神经网络平台的使用，并能够搭建简单的神经网络。

◆ 相关知识

一、 神经网络基础：从人脑到人工

神经网络分为生物神经网络和人工神经网络。

1. 生物神经网络

生物神经元是人脑中相互连接的神经细胞，由细胞体、树突、轴突、突触组成。多个生物神经元以确定方式和拓扑结构相互连接，构成一个极为庞大而复杂的网络，即生物神经网络，是人脑智慧的物质基础。

生物神经元处理信息的过程：多个信号到达树突，然后整合到细胞体中，如果积累的信号超过某个阈值，就会产生一个输出信号，由轴突传递，如图 7.1 所示。生物神经元之间通过突触传递信息，如图 7.2 所示。

人类的大脑可以学习识别物体。例如，婴儿多次看到椅子，并听父母说"这是椅子"，随着时间推移，他们将学会识别椅子。

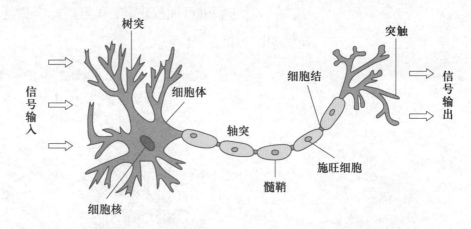

图 7.1　生物神经网络中单个神经元信号的传递

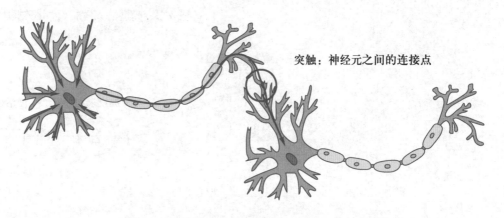

图 7.2　生物神经网络中多个神经元之间信号传递

2. 人工神经网络

人工神经网络，模仿哺乳动物大脑皮层的神经系统，但规模要小得多。它由许多简单的处理单元（人工神经元）互联组成，这些处理单元（人工神经元）的作用类似于生物神经元，接受信息输入，处理后向下一层输出信息。

人工神经网络由多层人工神经元组成。层与层之间的神经元有连接，而层内的神经元之间没有连接。典型的人工神经网络结构如图7.3所示，最左边的层被称为输入层，这层负责接收输入数据；最右边的层被称为输出层，可以从这层获取神经网络输出数据；输入层和输出层之间的层被称为隐藏层。

人工神经元是一个基于生物神经元的数学模型，神经元接收多个输入信息，对它们进行加权求和，再经过一个激活函数处理，然后将这个结果输出，如图7.4所示。

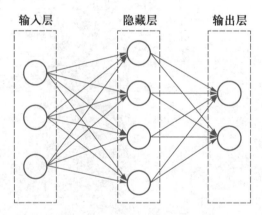

图 7.3　典型的人工神经网络结构

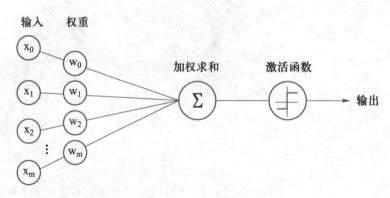

图 7.4　人工神经元

人工神经元也称为感知器。它接受输入信号，处理后再向下一层神经元输出信号。每次通过感知器传递数据时，都会将实际输出结果与正确的输出结果进行比较，并根据输出偏差调整权重与偏置项，重复多次迭代，直到实际输出结果与正确的输出结果匹配，从而得出正确的权重与偏置项。所以，感知器的学习过程，就是根据一组样本数据，确定感知器输入权重的过程，如图 7.5 所示。

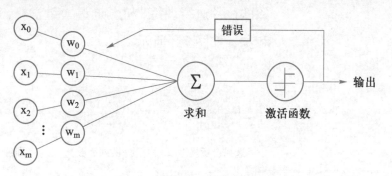

图 7.5　感知器的学习过程

感知器中的激活函数模拟生物神经元中阈值的作用，当信号强度达到阈值时，就输出信号，否则就没有输出。从数学上来说，激活函数用来加入非线性因素，以解决线性模型所不能解决的问题。理论上已经证明，两层以上的神经网络可以拟合任意函数。

二、 机器学习的学习方式

机器学习研究和构建的是一种特殊算法，目标是能够让计算机自己在数据中学习，从而进行预测。它的基本思路是先把现实生活中的问题抽象成数学模型，并且理解模型中不同参数的作用；然后利用数学方法对这个数学模型进行求解，从而解决现实生活中的问题；最后评估这个数学模型，是否真正地解决了现实生活中的问题，通过训练集，不断识别特征，不断建模，最后形成有效的模型，这个过程就叫"机器学习"。机器学习的基本思路如图 7.6 所示，机器学习根据训练方法可以分为监督学习、无监督学习和强化学习。

现实问题抽象为数学问题　机器解决数学问题，从而解决现实的问题

图 7.6　机器学习的基本思路

1. 监督学习

监督学习是指机器基于已知答案的数据集训练,从而形成一套方法论,然后在新数据上验证。监督学习的流程如图 7.7 所示。

例如,若想让机器学会如何识别猫和狗,就需准备很多猫和狗的照片。当使用监督学习的时候,需要提前给这些照片打上标签,用打好标签的照片进行训练,机器通过大量学习,就可以学会在新照片中认出猫和狗,如图 7.8 所示。

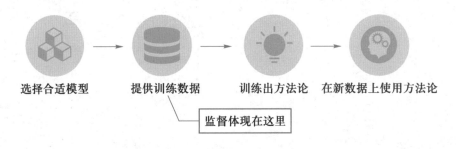

图 7.7　监督学习的流程

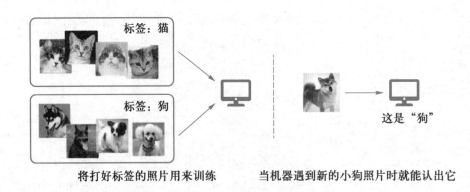

图 7.8　监督学习识别猫狗

监督学习通过大量带标签的数据帮助机器学习,这种学习方式效果非常好,但是成本也非常高。

监督学习有两个主要算法:分类和回归。

分类算法是根据样本的特征将样本划分到对应的类别中,用于离散型预测;而回归算法则是通过学习因变量和自变量之间的关系,实现对数据的预测。两者有以下区别。

(1)输出数据的类型

分类算法输出的数据类型是离散数据,也就是分类的标签。如通过气象数据预测明天是阴天、晴天还是雨天，阴天、晴天、雨天这 3 个预测结果就是 3 种离散数据。

回归算法输出的是连续数据。如通过气象数据预测明天的气温是多少度，气温这个预测结果就是连续数据。

（2）算法目的

分类算法得到的是决策面，用于对数据集中的数据进行分类。

回归算法得到的是最优拟合线，可以准确地表达数据集中各个点的关系。

（3）模型的评估指标

在分类算法中，通常会使用正确率作为指标，也就是预测结果中分类正确数据占总数据的比例。在回归算法中，通常用决定系数 R 平方来评估模型的好坏。R 平方表示能被回归关系描述的比例。

2. 无监督学习

无监督学习中，给定的数据集没有"正确答案"，无监督学习的任务是从给定的数据集中，挖掘出潜在的结构。

如把很多猫和狗的照片给机器，不给这些照片打任何标签，让机器将这些照片分类。通过学习，机器会把这些照片分为两类，一类都是猫的照片，一类都是狗的照片，如图 7.9 所示。

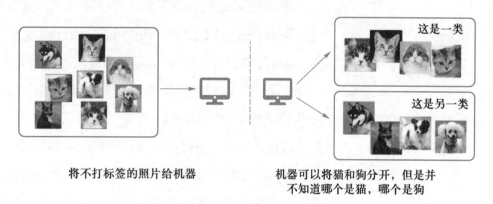

将不打标签的照片给机器　　　　　机器可以将猫和狗分开，但是并不知道哪个是猫，哪个是狗

图 7.9　无监督学习进行猫狗分类

无监督学习虽然跟监督学习看上去结果相似，但是有着本质的差别：无监督学习中，虽然照片分为了猫和狗，但是机器并不知道哪个是猫，哪个是狗。对于机器来说，仅相当于分成了 A、B 两类。

无监督学习中常见的算法：聚类和降维。

聚类：简单说就是一种自动分类的方法，与分类算法的区别在于，聚类所要划分的类别都是未知的。

降维：在尽可能保留数据结构的同时降低数据的复杂度。

3. 强化学习

强化学习更接近生物学习的本质，因此有望推动人工智能发展再上新台阶。它关注的是智能体如何在环境中采取获得最大累积回报的行为。

强化学习算法的思路非常简单，以游戏为例，如果在游戏中采取某种策略可以取得较高的得分，那么就进一步强化这种策略，以期继续取得较好的结果。这种策略与日常生活中的各种绩效奖励非常类似。我们平时也常常用这样的策略来提高自己的游戏水平。

强化学习与监督学习、无监督学习最大的不同就是不依赖于现有数据，而是通过自己不断尝试来学会某些技能。

三、 深度学习的训练过程

深度学习是机器学习的一个重要分支，它源于人工神经网络的研究，但不完全等同于传统神经网络。假设深度学习要处理的信息是"水流"，则处理数据的深度学习网络是一个由管道和阀口组成的巨大水管网络。网络的入口是若干管道开口，网络的出口也是若干管道开口。这个水管网络有许多层，每一层有许多个可以控制水流流向与流量的调节阀。根据不同任务的需要，水管网络的层数、每层的调节阀数量可以有不同的变化组合。对复杂任务来说，调节阀的总数可达成千上万甚至更多。水管网络中，每一层的每个调节阀都通过水管与下一层的所有调节阀连接起来，组成一个从前到后，逐层完全连通的水流系统。在训练时，查看目标管道出口的水流量是否最大，如果是，就说明这个管道网络符合要求；如果不是，就调节水管网络里的各个流量调节阀，让目标管道出口的水流量达到最大。当大量数据被这个管道网络处理，所有阀门都调节到位后，整套水管网络就可以用来处理新的数据了。这时，可以把调节好的所有阀门都"焊死"，静候新的水流到来。以深度学习识别汉字为例，过程如图7.10所示。

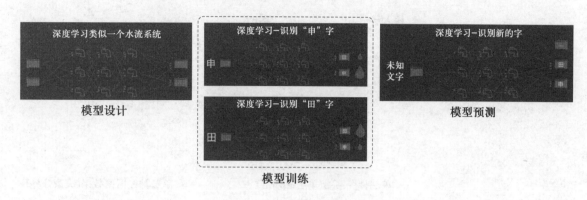

图7.10　深度学习识别汉字的过程

深度学习就是用人类的数学知识与计算机算法构建起来的整体架构，再结合尽可能多的训练数据以及计算机的大规模运算能力去调节内部参数，尽可能逼近问题目标的半理论、半经验的建模方式。

传统的机器学习算法在某些场景，例如：指纹、人脸识别等领域的应用已能达到商业化标准，但其"智能"很有限，需要领域专家和人工智能专家一同介入，直到深度学习算法的出现。

以人脸识别为例，传统的机器学习在确定了相应的"面部特征"，例如，眼睛、鼻子、嘴等之后，才能基于这些特征做进一步的分类处理；而深度学习通过多层神经网络结构，将底层属性逐步"进化成"人能理解的高层属性，从而实现自动找出分类问题所需要的重要特征。

四、　神经网络的结构

1.　单层神经网络（单层感知器）

单层神经网络是由两层神经元组成的神经网络，也被称为单层感知器。在单层神经网络中，只有两个层次：输入层和输出层。输入层里的"输入单元"只负责传输数据，不做计算。输出层里的"输出单元"则需要对前面一层的输入进行计算。需要计算的层次被称为"计算层"，拥有一个计算层的网络被称为"单层神经网络"。

单层神经网络类似一个逻辑回归模型，可以做线性分类任务。可以用决策分界来形象地表达分类的效果，如图 7.11 所示。

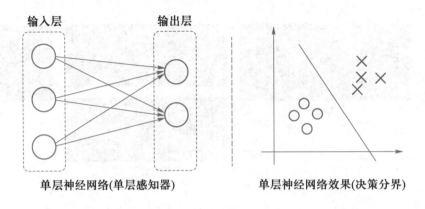

图 7.11　单层神经网络

2.　双层神经网络（多层感知器）

双层神经网络除了包含一个输入层、一个输出层以外，还增加了一个中间层，也可称为隐藏层。此时的中间层和输出层都是计算层。理论证明，双层神经网络可以无限逼近任意连续函数。面对复杂的非线性分类任务，双层神经网络可以完成很好地分类。双层神经网络的决策分界是非常平滑的曲线，如图 7.12 所示。

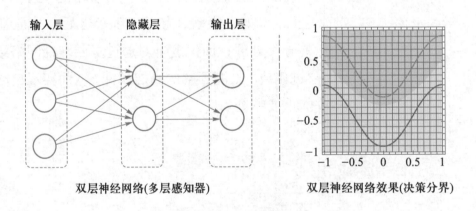

图 7.12　双层神经网络

3.　多层神经网络（深度学习）

加入更多中间层就构成了多层神经网络。多层神经网络中，输出也按照一层一层的方式来计算。从最外面的层开始，算出所有单元的值以后，再继续计算更深一层，如图 7.13 所示。

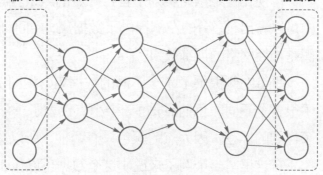

图 7.13　多层神经网络

随着网络的层数增加，每一层对于前一层次的抽象表示更深入。例如，第一个隐藏层学习到的是"边缘"的特征，第二个隐藏层学习到的是由"边缘"组成的"形状"的特征，第三个隐藏层学习到的是由"形状"组成的"图案"的特征，最后的隐藏层学习到的是由"图案"组成的"目标"的特征。通过抽取更抽象的特征来对事物进行区分，从而获得更好的区分与分类能力。

五、　可视化神经网络实训平台介绍

Turing 人工智能通识教育平台内含可视化神经网络实训平台，如图 7.14 所示。通过该实训平台，可以在浏览器中运行一个真实的神经网络系统，通过单击按钮和调整参数，可以直观地看到神经网络是如何工作的。

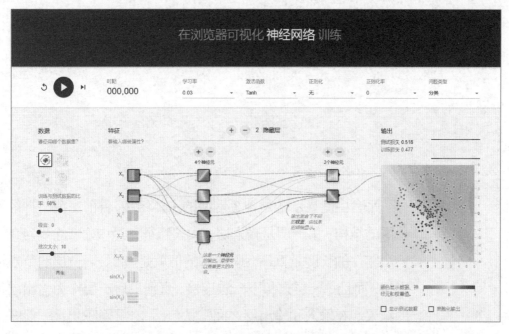

图 7.14　可视化神经网络实训平台界面

可视化神经网络实训平台打开后的默认界面如图7.14所示，从图中可以看出，平台的左侧提供了数据集，中间可用于搭建神经网络，右侧是神经网络的训练效果。

平台左侧提供了4个不同的数据集，如图7.15所示。数据集包含了很多个不同颜色的点，每一个小点代表了一个样例，而点的颜色代表了样例的标签。因为点的颜色只有两种，所以这是一个二分类的问题。

在这里举一个例子来说明这个数据可以代表的实际问题。

假设需要判断某工厂生产的零件是否合格，那么一个颜色的点可以表示所有合格的零件，而另一个颜色的点表示所有不合格的零件，这样判断一个零件是否合格就变成了区分点的颜色。

还是以零件为例，可以用零件的特征"长度"和"质量"来大致描述一个零件，这样一个物理意义上的零件就可以被转化成"长度"和"质量"这两个数字。在机器学习中，所有用于描述实体的数字的组合就是这个实体的特征向量（feature vector）。可视化神经网络实训平台中"特征"一栏的组合对应了特征向量，如图7.16所示，可以认为 X_1 表示了零件的特征"长度"，而 X_2 表示了零件的特征"质量"。

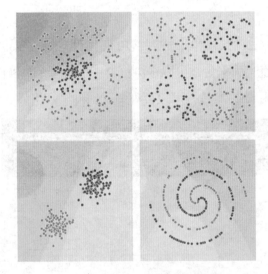

图7.15 平台提供的4个数据集

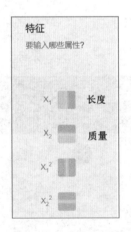

图7.16 特征向量

平台中间显示的是神经网络的主体结构，目前主流的神经网络都是分层的结构，第一层是输入层，代表特征向量中每一个特征的取值。如一个零件的长度是0.5，那么 X_1 的值就是0.5。同一层的节点不会相互连接，而且每一层只和下一层连接，直到最后一层作为输出层得到计算的结果。在输入和输出层之间默认包括2层隐藏层，一般一个神经网络的隐藏层越多，这个神经网络越"深"。

神经网络的理论知识相对较难理解,因此本实践基于人工智能通识平台的可视化神经网络实训平台来搭建简单的神经网络,实现简单的二分类,直观地了解神经网络的相关知识。

本案例的实现思路如下。

（1）基于单神经元执行简单分类问题。通过单神经元处理简单的二分类问题,直观了解神经网络的运行效果。

（2）添加隐藏层完成复杂分类问题。增加隐藏层测试效果,比较隐藏层和单神经元对分类效果的差别。

（3）优化神经网络结构完成复杂分类问题。改变神经网络结构,如隐藏层层数、神经元个数等,测试分类效果,了解神经网络的重要性和复杂性。

任务 1 基于单神经元执行简单分类问题

① 进入万维视景官网,在"产品中心"中单击"人工智能通识教育实训系统",单击"立即体验"按钮,进入人工智能通识教育平台,输入账号密码并登录,如图 7.17 所示,或打开配套资源"playground"中的网页文件,进入可视化神经网络实训平台。

图 7.17 人工智能通识平台登录界面

② 进入可视化神经网络实训平台后，在左侧"数据"一栏，选择第三个数据集，如图 7.18 所示。这是高斯分布数据集，属于相对简单的分类问题。

③ 单击两次"隐藏层"左侧的减号，删除可视化神经网络实训平台默认创建的两个隐藏层，这样就构建了一个只有单神经元的分类器，如图 7.19 所示。这个分类器的输入层是 X_1 和 X_2，输出为分类结果。

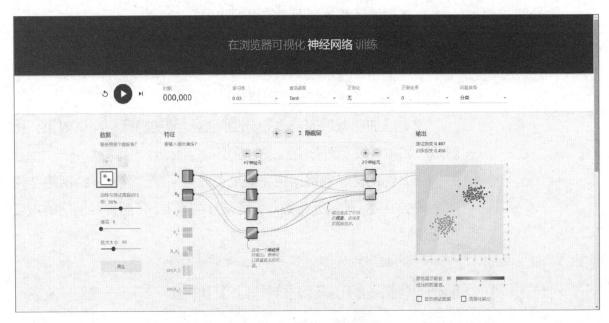

图 7.18　选择第三个数据集

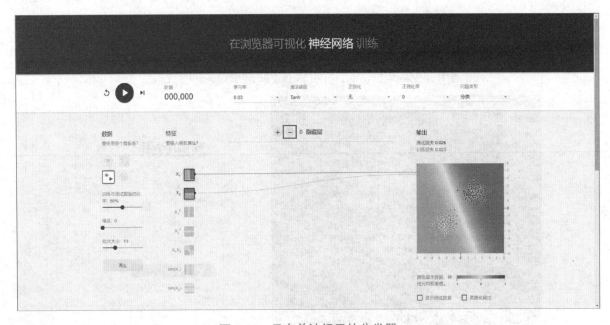

图 7.19　只有单神经元的分类器

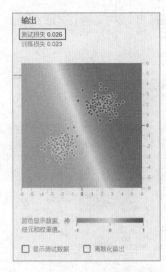

图 7.20 输出参数

④ 在可视化神经网络实训平台的右侧，可以非常直观地看到迭代训练过程中的分类情况。在"输出"下有"测试损失"值，如图 7.20 所示。"测试损失"值表示了测试集的预测结果与真实结果之间的差距，该值越小，说明分类器的效果越好。

⑤ 单击界面左上角的 ▶ 按钮，如图 7.21 所示，运行后可以看到蓝色组数据点和橘色组数据点之间的线开始不断地移动。该移动过程就是算法在寻找最优权重参数组合，然后再用这个参数绘制出一条能够将两组数据点分开的直线。权重可以简单理解为该神经元的重要程度。

⑥ 单击 ↻ 按钮后，可视化神经网络实训平台会将权重参数随机初始化；单击"再生"按钮可以产生新的测试数据集；单击神经元与输出之间的直线，可以查看并编辑初始权重，如图 7.22 所示。

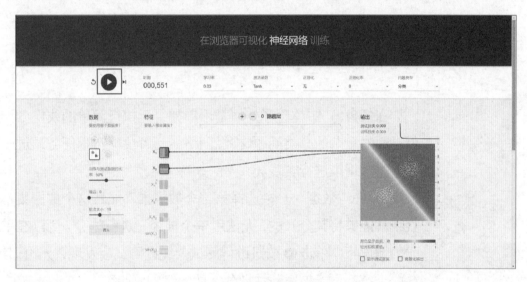

图 7.21 开始运行

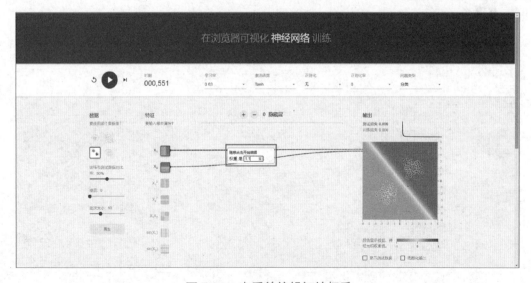

图 7.22 查看并编辑初始权重

⑦ 在结束训练后，单击神经元与输出之间的直线可以看到最终的权重值，如图 7.23 所示。

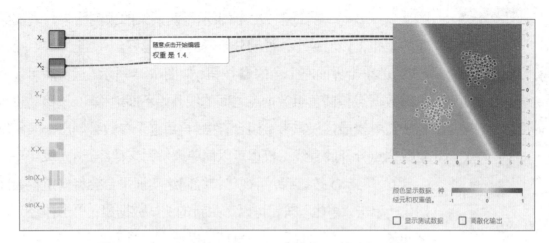

图 7.23　查看最终权重值

任务 2　添加隐藏层完成复杂分类问题

在任务 1 中体验了如何基于单神经元执行简单的线性分类问题，但是面对复杂的分类问题，神经网络如何解决呢？本任务通过一个复杂的分类数据集进行实践。

① 在"数据"一栏选择第一个数据集，显然这个数据集不是一条直线就能够将其分开的，无法用单个神经元进行划分。可以在单个神经元的情况下，单击 ▶ 按钮进行测试。经过测试会发现，无论训练多久，这两类点都不能被正确地划分，如图 7.24 所示。

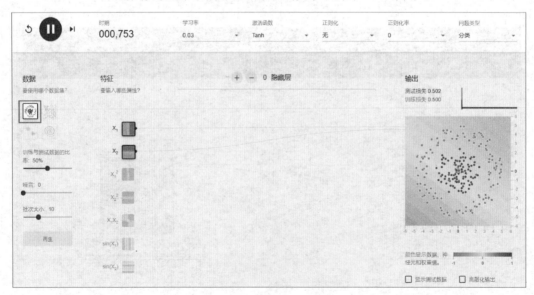

图 7.24　测试单神经元的分类效果

② 处理该问题的关键便是添加一个隐藏层，单击"隐藏层"左侧的加号，即可在输入层和输出层之间添加隐藏层。添加隐藏层后，单击该隐藏层上方的加号，添加 3 个神经元，如图 7.25 所示。

③ 单击 ▶ 按钮，可以看到，两类点可以被正确地划分了，如图 7.26 所示，仅经过约 80 次的迭代，分类器的"测试损失"值就已小于 0.05，可见隐藏层的效果是非常显著的。

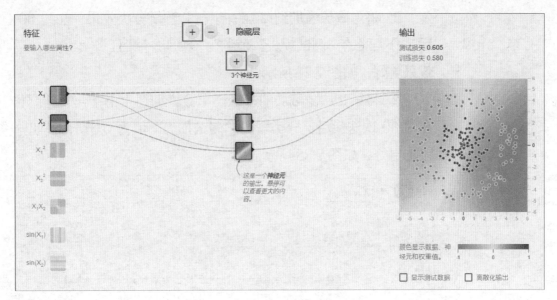

图 7.25　添加隐藏层

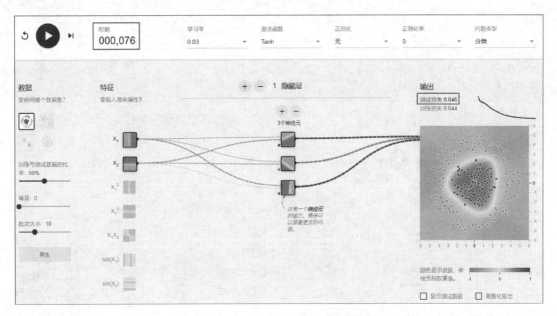

图 7.26　测试添加了隐藏层的分类效果

④ 如果减少隐藏层的神经元数量，将隐藏层神经元数量降低为 1 或者 2，是否还能达到较好的分类效果？请在可视化神经网络实训平台中进行测试。

任务 3 优化神经网络结构完成复杂分类问题

如果增加隐藏层的层数，是否能用更少的迭代次数达到更好的效果呢？本任务通过改变神经网络结构来测试分类效果，以理解神经网络结构的重要性和复杂性。

① 将隐藏层增加到 2 层并运行，测试分类效果。在约 80 次迭代后，分类器的"测试损失"值约为 0.03，小于任务 2 中值，说明分类效果更好，如图 7.27 所示。

② 将第 2 层隐藏层的神经元个数增加到 4 个，再次运行测试效果。在约 80 次迭代后，分类器的"测试损失"值为 0.015，说明分类效果比①更好，如图 7.28 所示。

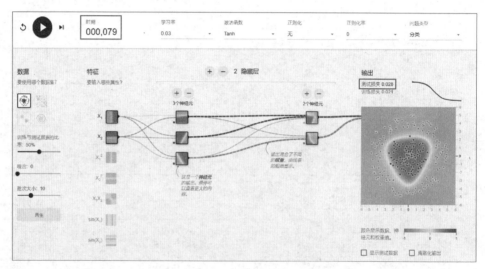

图 7.27 测试 2 层隐藏层的效果

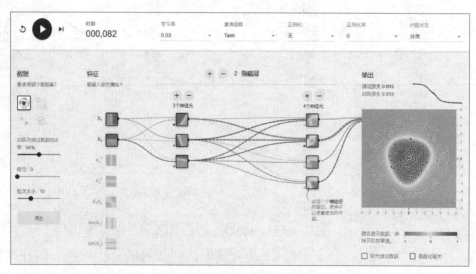

图 7.28 调整第 2 层隐藏层的神经元并测试效果

③ 但是，并不是神经元越多越好，也不是隐藏层越多越好，可以在平台上进行多次测试。调整神经网络结构后再次进行测试，在约 80 次迭代后，分类器的"测试损失"值约为 0.5，如图 7.29 所示，分类效果不佳，需要更多的迭代次数，才能得到较好的分类器。因此，神经网络结构的设计和优化，需要根据经验进行反复测试和调整，才能得到一个符合业务需求的模型。

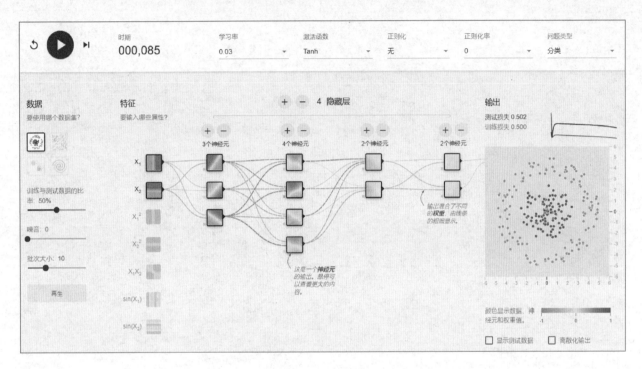

图 7.29　调整神经网络结构后的测试效果

小结与测试

通过本项目学习，了解从生物神经网络到人工神经网络的发展过程，加深对人工神经网络的结构及其学习过程的理解。掌握机器学习的三种学习方式及其与深度学习的关系，并能通过可视化神经网络实训平台，完成简单神经网络的搭建，并加深对人工神经元、输入层、隐藏层、输出层、激活函数的理解。能够通过可视化神经网络平台解决二分类问题。

在可视化神经网络平台中，选择第 4 个螺旋数据集，这是很复杂的数据集，蓝色数据集和橘色数据集以螺旋状的形式展开。请搭建合适的神经网络并进行测试，使得分类器在经过 100 次以内的迭代后，"测试损失"值小于 0.03。

项目 8　图像识别——机器能看见

步入新知

◆ 情景导入

　　随着人民生活水平的逐步提高，我国已经成为名副其实的汽车大国。道路交通安全问题越来越受到重视，据统计，全球约 90%以上的道路交通事故是驾驶员人为因素导致的。因此，消除和减少驾驶员违法违规操作、驾驶经验不足和自身缺陷或感知限制等不良人为因素的影响，无疑对减少交通事故，降低道路交通风险具有重大价值。人工智能技术能够消除和减少不良人为因素，让道路交通更加安全。

◆ 学习目标

　　（1）掌握计算机视觉的定义。
　　（2）掌握计算机视觉的基本任务。
　　（3）了解计算机视觉的常用算法。
　　（4）熟悉计算机视觉的应用。
　　（5）掌握 EasyDL 图像模型的功能和使用。

◆ 相关知识

一、　计算机视觉的定义

　　计算机视觉（Computer Vision，CV）是一门研究如何让计算机像人类一样"看"的学科。它要解决让计算机能看懂图像或者视频里的内容,如图片里的宠物是猫还是狗?图片里的人是老张还是老李?图片里的人在做什么事情?计算机视觉就是利用摄影机和计算机代替人眼对目标进行分割、分类、识别、跟踪、测量等,并进一步做图形处理,得到更适合人眼观察或传送给仪器检测的图像,从而试图建立从图像或多维数据中获取"信息"的人工智能系统。

二、 计算机视觉的基本任务

计算机视觉的基本任务主要有:图像分类、目标检测和图像分割。

1. 图像分类

图像分类,顾名思义,即输入一张图像,根据图像的语义信息来划分这个图像的类别,是计算机视觉的核心,也是物体检测、图像分割、物体跟踪等其他高层次视觉任务的基础。如图 8.1 所示的道路交通图中,通过图像分类,计算机识别到图像中有街道、汽车。

图 8.1　图像分类

常见图像分类算法：基于神经网络的 AlexNet、VGG、GoogLeNet、ResNet 等。

2. 目标检测

目标检测是给定图像，让计算机找出其中目标的位置，并给出每个目标的具体类别，也就是进行分类和定位。如图 8.2 所示，在道路交通图中，用边框标记出图像中所有车辆的位置。一般会使用不同颜色的边框对检测到的不同物体的位置进行标记。

图 8.2　目标检测

常见目标检测算法：R-CNN、Fast R-CNN、Faster R-CNN、YOLO、SSD 等。

3. 图像分割

对于一张道路交通图来说，图上可能有多个车辆、多个交通设施、多个人物甚至多层背景，图像分割旨在从图像中分割出物体的准确轮廓，预测它是属于哪个部分（人、车辆、交通设施、背景……）。目前图像分割分为语义分割、实例分割等。

（1）语义分割

语义分割是计算机视觉的基本任务，是从像素级别去理解图像的内容，给图像中每个像素分配一个类别标签。通常会把不同的类别涂成不同的颜色表示，如将汽车标注为蓝色块，将交通设施标注为红色块，把行人标注为绿色块等。但是同一类别的不同实例不能单独分割出来。如

图 8.3 所示的蓝色块无法区分是汽车 A 还是汽车 B。

常见语义分割算法：FCN、Deeplab、DFANet、BiseNet、ENet 等。

（2）实例分割

实例分割实际是语义分割和目标检测的结合，相对目标检测的边界框，实例分割可精确到物体的边缘；相对语义分割，实例分割需要标注出图中同一物体的不同个体。如图 8.4 所示，每一辆汽车都有不同颜色的轮廓来标记。实体分割可以区分出单个个体。

常见实体分割算法：Mask-RCNN、SOLO、YOLACT、BlendMask 等。

图 8.3　语义分割

图 8.4　实体分割

三、 计算机视觉的应用

计算机视觉任务目前的主要应用场景主要有：人脸识别、自动驾驶、人群计数、视频监控、文字识别、医学图像分割等。通过将图像的分类、识别、分割、跟踪等技术进行结合，在更多的行业场景中发挥作用。

典型行业应用如下。

1. 零售业

实体零售商将计算机视觉算法与商店摄像机结合使用，了解客户群体的特征、性别、年龄范围、在店面中停留的时间以及他们的行为，优化商品摆放位置，改善消费者体验，最大程度上提高销售额。还可以通过检测入店者藏匿商品、行窃等行为，加强店铺的防盗机制。

2. 库存管理

商店经理可以通过安全摄像机图像分析，对商店中剩余商品进行非常准确的估计。对于需求的异常增长可以尽早做出有效反应，分析货架空间的使用以识别次优配置，并根据建议做更好的商品放置。

3. 制造业

通过来自生产线摄像机的视觉信息，分析识别潜在问题，发现整个生产线中组件的缺陷，并决定应采取什么措施解决问题。针对每个用例对系统进行培训，按类型和严重程度对缺陷进行分类。避免因为机器损坏或有缺陷零件导致延误和损失。

4. 医疗保健

在医疗保健领域，医学图像分析是主要的应用之一。通过分析来自MRI、CT 扫描和 X 射线的图像以发现异常，如出现肿瘤或寻找神经系统疾病的迹象，以此可以显著改善医学诊断过程。凝视追踪和眼睛区域分析可用于检测儿童的早期认知障碍，如自闭症或阅读障碍。

5. 自动驾驶汽车

计算机视觉在自动驾驶汽车领域起着至关重要的作用，通过图像和视频中的对象检测，将不同数量的对象定位并分类，以区分对象是交通信号灯、汽车还是人。并与其他来源（如传感器或雷达）的数据分析结果相结合，使自动驾驶汽车能够感知并理解其周围的环境，以便安全行驶。

6. 农业

农业是计算机视觉产生巨大影响的行业，尤其是在精确农业领域。计算机视觉算法可以检测某些疾病，并可以合理地预测疾病或病虫害。早期诊断可使农民迅速采取适当措施，减少损失并确保生产质量。算法可以从手机拍摄的图像中识别出土壤中的潜在缺陷和营养情况，提出土壤修复技术以及针对所发现问题的解决方案。配合无人机还可以监控整个农场并精确喷洒除草剂。

四、 典型人工智能开发平台

1. 百度 AI 开放平台

百度大脑实现了 AI 能力与应用场景的融合创新，升级为"软硬一体的 AI 大生产平台"，全面支持产业智能化升级。百度 AI 的核心技术包括语音技术、图像技术、人脸识别、数据智能、深度学习、AR 增强现实、智能视频分析、知识图谱、机器翻译等。百度 AI 在自然语言处理、数据智能、AR、机器翻译这些方面都较为突出。

2. 腾讯 AI 开放平台

腾讯从技术、场景与平台三个层面实现"AI in All"，主要的 AI 应用场景为：在内部应用场景中，AI 与腾讯游戏、社交、内容等业务场景深度融合；在外部场景中，医疗是腾讯 AI 切入最早、应用成熟度最高的场景之一。

3. 讯飞开放平台

科大讯飞推出的移动互联网智能交互平台，为开发者免费提供：涵盖语音能力最全的增强型 SDK，一站式人机智能语音交互解决方案，专业全面的移动应用分析。

4. 京东人工智能开放平台

京东人工智能开放平台是面向零售及零售基础设施领域的一站式人工智能开发与应用平台。旨在通过开放和合作链接人工智能产业的供需两侧，面向零售、物流、金融、城市等行业场景，提供从 AI 通用能力 API 到灵活可定制化的 AI 开发工具平台，从端到端的 AI 创新应用产品到全场景覆盖的生态合作应用平台，满足产业智能化趋势下的一站式人工智能开发与应用需求。

5. 小米开放平台

小米人工智能开放平台，是一个以智能家居需求场景为出发点，深度整合人工智能和物联网能力，为用户、软硬件厂商和个人开发者提供智能场景及软硬件生态服务的开放创新平台。小米的技术创新体系在声学、语音、自然语言理解、图像视觉处理、云服务、大数据、深度学习、智能设备接入等人工智能与物联网关键技术领域拥有业界较为领先的成果，构建了完整、牢固的产品闭环。

五、 EasyDL 零门槛 AI 开发平台

EasyDL 是百度针对 AI 零算法基础或追求高效率开发的企业用户的零门槛 AI 开发平台，如图 8.5 所示，提供从数据采集、标注、清洗到模型训练、部署的一站式 AI 开发能力。采集的图像、文本、音频、视频、OCR、结构化数据等，经过 EasyDL 加工、学习、部署后，可通过公有云 API 调用，或部署在本地服务器、小型设备、软硬一体方案的专项适配硬件上，通过离线 SDK 或私有 API 进一步集成，其开发平台运行结构如图 8.6 所示。

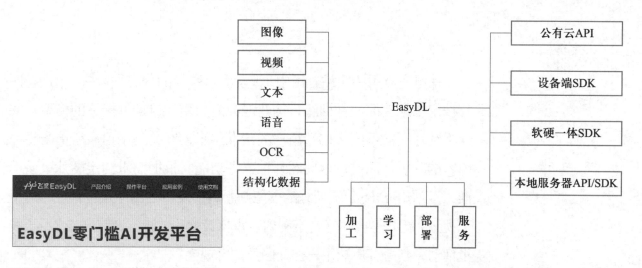

图 8.5 EasyDL 零门槛 AI 开发平台　　　　图 8.6 EasyDL 零门槛 AI 开发平台运行结构

根据企业用户的应用场景及深度学习的技术方向，EasyDL 共推出 6 大通用产品及 1 个行业产品：EasyDL 图像，EasyDL 文本，EasyDL 语音，EasyDL OCR，EasyDL 视频，EasyDL 结构化数据及 EasyDL 零售行业版。

其应用场景如下。

1. 工业质检

收集工业生产中可能存在问题或者有瑕疵的产品的图片，进行缺陷或者瑕疵标注及训练，将模型集成在检测设备或流水线中，辅助人工提升质检效率，降低人力成本。

具体案例：对键盘生产可能存在的错装、漏装等情况进行识别，针对地板质检的常见问题（例如，虫眼、毛面、棘爪等）进行检测，如图 8.7 所示。

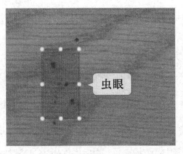

图 8.7　地板质检和键盘缺陷检查

2. 电商/网站图片分析

在电商应用和网站应用中，涉及海量图片的分类和审核。通过将图片按定制标签标注并训练，构建能为海量图片自动打标签的模型，实现将图片面向不同客户端用户的精准展示，以及基于用户所单击图片内容的分析从而进行相关图片推荐等功能。根据需求制定图片审核标准，网站用 EasyDL 训练的模型判断用户发布的图片是否合规，适用于视频、新闻等内容平台定制内容审核策略，过滤不良信息，或用于线上活动，判断客户端用户提交图片的合规性。

具体案例：家装网站将卧室、餐厅、厨房等图片进行内容分类，房产网站审核用户提交的图片是房源图还是非房源图，如图 8.8 所示。

图 8.8　家装网站图片分类标签及房产网站审核用户提交图片类别

3. 安防监控

在生产环境现场进行安全性监控，对是否出现挖掘机等危险物品、工人是否佩戴安全帽/穿工作服、施工区是否有烟火等情况进行检查，辅助安全员判断安全隐患并及时预警，保证生产环境安全运行。在超市安全死角安装摄像头，将采集的图片进行标注及训练，实现实时检测图片中是否有未结算商品。在轮船内安装摄像头，采用定时抓拍或视频抽帧的方式，自动判断货物状态，提升业务运营、货品管理效率。

具体案例：对输电线路附近是否存在挖掘机、吊车等外部隐患物体进行检测，在超市结算台判断有无未结算商品，货船调运公司智能监控船只上货品状态为有货或无货，如图 8.9 所示。

图 8.9　安防监控应用

4. 专业领域研究

在医疗领域,针对医疗检验场景中可能存在的正常或异常结果进行图片收集,基于图片关键特征进行标注并完成训练,协助医生高效完成结果判断。在培训领域,将专业部件拍照成图并标注,训练出专业零部件识别模型,可识别出图像中具体部件并提供详细的部件介绍信息,方便新人通过拍照识图快速上手业务。

具体案例:针对寄生虫卵镜检图片,判断虫卵类型从而对症下药;汽车公司对内部人员提供车辆零部件识图能力,如图 8.10 所示。

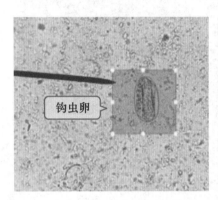

图 8.10 在医疗领域、培训领域的应用

5. 零售商品识别

将商品陈列图片进行采集、标注及训练,将模型集成在手机应用中,巡货员或者店员拍照上传商品,通过系统自动完成合规性检查。对电商商品图片进行采集并标注明显特征,训练出商品识别模型,实现对商品的快速分类,减少人工入库的标注成本。

具体案例:零售快消公司在各商超的货架及货柜中拍照,自动检测出商品类型;鞋类电商对鞋底花纹进行识别,自动判断鞋子品类,如图 8.11 所示。

图 8.11 零售商品识别

六、 EasyDL 的 AI 应用开发流程

EasyDL 平台基于深度学习技术，通过学习样本数据的内在规律和表示层次，最终目标是让机器能够像人一样具有分析学习能力，能够识别文字、图像和声音等数据。

使用 EasyDL 开发 AI 应用的流程如图 8.12 所示。

图 8.12　使用 EasyDL 开发 AI 应用流程

下面通过一个项目来理解使用 EasyDL 开发 AI 应用的流程。某企业希望为某个小区物业做一套智能监控系统，实现对多种现象智能监控并及时预警，包括保安是否在岗、小区是否有异常噪声、小区内各个区域的垃圾桶是否已满等。

1.　分析业务需求

在正式启动训练模型之前，需要有效分析和拆解业务需求，明确模型类型如何选择。针对目前原始业务需求，我们可以分析出不同的监控对象所在的位置不同、监控的数据类型不同（有的针对图片进行识别、有的针对声音进行判断），需要多个模型综合应用。

例如，检测保安是否在岗需通过图像分类模型进行判断；监控小区是否有异常噪声需通过声音分类模型进行判断；监控小区内各个区域垃圾桶是否已满需要通过物体检测模型进行判断。

2.　采集/收集数据

通过业务需求分析出基本的模型类型，需要先进行相应的数据采集工作。采集数据的原则为尽可能采集与真实业务场景一致的数据，并覆盖可能有的各种情况。

3.　标注数据

采集数据后，通过 EasyDL 在线标注工具或其他标注工具对已

有的数据进行标注。如上述检测保安是否在岗的图像分类模型，需要将监控视频抽帧后，将图片按照"在岗"或"未在岗"两类进行标注；小区内各个区域垃圾桶是否已满的物体检测模型，需要将监控视频抽帧后，将图片按照每个垃圾桶的"满"或"未满"两种状态进行标注。

4. 训练模型

训练模型阶段可以将标注好的数据基于已经确定的初步模型类型，选择算法进行训练。通过 EasyDL 平台，可以在可视化界面中在线控制训练任务的启停并调整训练任务的配置。

5. 评估模型效果

训练后的模型在正式集成之前，需要评估模型效果是否可用。通过 EasyDL 平台，可以查看详细的模型评估报告，并上传数据测试模型效果。

6. 部署模型

当确认模型效果可用后，可以将模型部署至生产环境中。通过 EasyDL，将模型部署在公有云服务器或本地设备上，通过 API 或 SDK 集成应用，或直接购买软硬一体产品，有效应对各种业务场景所需，提供效果与性能兼具的服务。

体验实践 ·········· "智能交通信号灯检测"项目开发

假设你是某企业里自动驾驶车辆研发组的技术工程师，现需要完成其中"智能交通信号灯检测"功能模块的开发，实现对道路上交通信号灯的智能识别和定位，辅助自动驾驶汽车进行判断。

"智能交通信号灯检测"项目可运用物体检测技术实现，基于 EasyDL 物体检测模型能够零门槛开发人工智能项目，实现对交通场景下的交通信号灯进行识别和定位，如图 8.13 所示。

图 8.13 "智能交通信号灯检测"项目实现效果

本案例的实现思路如图 8.14 所示。

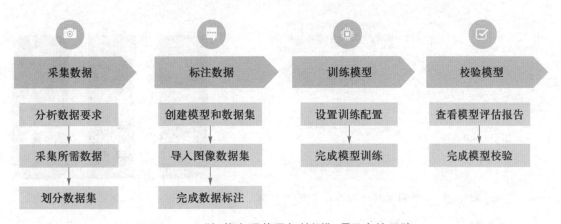

图 8.14 "智能交通信号灯检测"项目实施思路

（1）采集数据。通过手机、相机等拍摄设备，采集周边交通场景下的交通信号灯图像，并分为训练集与测试集。

（2）标注数据。将训练集上传到 EasyDL 平台，并通过矩形框进行标注。

（3）训练模型。使用 EasyDL 平台"超高精度"算法进行模型训练，得到模型。

（4）校验模型。根据模型评估报告，设置阈值，选择测试集进行校验，查看实现效果。

任务 1 采集数据

在开始项目之前，需根据项目的实际需求进行分析，明确本次项目所需的数据集，并采集数据。本案例以摄像设备采集数据为例，实施步骤如图 8.15 所示。

1. 分析数据要求

① 本项目为"智能交通信号灯检测"，最终实现效果为输入一张图像，模型能够识别并定位出图像中的交通信号灯。交通信号灯包括了机动车信号灯、非机动车信号灯、人行横道信号灯、方向指示灯（箭头信号灯）等，如图 8.16 所示。在条件允许的情况下，可以采集多种信号灯的图像作为数据集进行模型训练，本项目以"红色圆形信号灯"（以下简称"红灯"）和"绿色圆形信号灯"（以下简称"绿灯"）为例，进行数据采集。

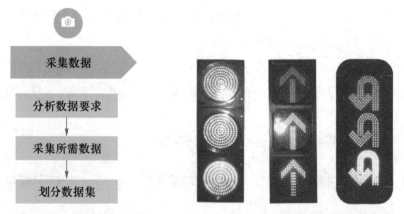

图 8.15　采集数据实施步骤　　　　图 8.16　交通信号灯示例

② 为了得到更加符合实际业务需求的模型，对所采集的数据有如下要求：

- 数据集与实际场景下图片的拍摄环境应一致，如实际要识别的图片是摄像头俯拍的，那么数据集就不能采用正面拍摄。在本项目中，使用手机等摄像设备抓拍含有交通信号灯的场景图像即可。

- 每个分类的图像需要覆盖实际场景的各种情况，如拍照角度、光线明暗的变化，训练集覆盖的场景越多，模型的泛化能力越强。在本项目中，需要采集"红灯"和"绿灯"在实际交通场景下的各种图像，条件允许的情况下，可以多次改变拍摄角度和拍摄时间，尽可能采集更多数据。每个分类至少采集 20 张图像，如果想要得到较好的效果，建议每个分类准备不少于 100 张图像。

③ 本项目是基于 EasyDL 平台进行开发，而 EasyDL 平台对图像

数据的格式有如下要求：

- 图像类型为 jpg、png、bmp、jpeg。
- 图像大小限制在 4MB 以内。
- 图像长宽比在 3∶1 以内，其中最长边需要小于 4096 像素，最短边需要大于 30 像素。

2. 采集所需数据

根据分析得到的数据要求，进行数据采集，采集完成后将图像保存到本地计算机，删除模糊、无效的图像，整理成数据集。若无采集条件，则可使用配套资源"智能交通信号灯检测数据集"进行实操，该数据集包含训练集 40 张，测试集 3 张。

3. 划分数据集

提示
······

若使用本书提供的配套资源，则无需进行划分。

将数据集按照约 8∶2 的比例划分为训练集和测试集，其中训练集用于训练模型；测试集用于校验模型，通过模型的预测结果评估模型的好坏。拆分数据集时，训练集需尽可能含多种情况，以提高模型的泛化能力。

任务 2 标注数据

数据采集完成后，需将数据上传至 EasyDL 平台，并通过矩形框进行标注，实施步骤如图 8.17 所示。

标注数据

创建模型和数据集

导入图像数据集

完成数据标注

图 8.17 标注数据实施步骤

1. 创建模型和数据集

① 打开浏览器，搜索"EasyDL"，进入 EasyDL 平台，单击"立

即使用"按钮，如图 8.18 所示。

图 8.18　EasyDL 平台界面

②　在弹出的"选择模型类型"对话框中选择"物体检测"选项，如图 8.19 所示。

图 8.19　"选择模型类型"对话框

③　进入登录界面，输入账号和密码进行登录。若无百度账号，则单击"立即注册"按钮自行注册并登录，如图 8.20 所示。

图 8.20　EasyDL 平台登录界面

④ 登录成功后，即可跳转至物体检测操作界面，单击左侧导航栏"我的模型"选项卡，单击"创建模型"按钮，进入模型创建界面，如图 8.21 所示。

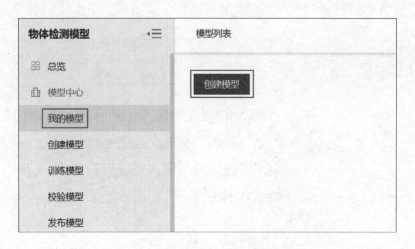

图 8.21 "我的模型"标签页

⑤ 按照提示输入相关信息，在"标注模板"下拉列表框中选择"矩形框"；在"模型名称"文本框中记录模型的功能，此处可以输入"智能交通信号灯检测"；在"你的身份"文本框中选择"学生"选项，并输入个人的邮箱地址和联系方式；在"功能描述"文本框中输入该模型的作用。输入完成后，单击"完成"按钮，完成物体检测模型的创建，如图 8.22 所示。

图 8.22 "创建模型"界面

⑥ 模型创建完成后，将跳转至"我的模型"界面，找到刚创建的模型，单击"创建"，如图 8.23 所示，跳转至"数据总览"界面。

图 8.23　模型列表

⑦ 按照提示输入相关信息，在"数据集名称"文本框中输入名称，此处可输入"智能交通信号灯检测"；"标注模板"选择"矩形框标注"单选按钮。信息输入完成后，单击"完成"按钮，完成数据集的创建，如图 8.24 所示。

图 8.24　"创建数据集"界面

注意："矩形框"是垂直于水平线的矩形检测框，不提供旋转角度，一般情况下，矩形检测框的检测效果表现更好，且算法种类更丰富；"自定义四边形"是由四条任意长度的线段首尾相接构成的四边形检测框，在检测目标形状不规则且位置带有旋转角度的情况下，自定义四边形的检测效果表现更好。本次项目的检测目标是交通信号灯，形状相对规则，因此选择"矩形框标注"即可。

⑧ 数据集创建成功后，在"数据总览"界面中将出现所创建的数据集信息，如图 8.25 所示，包括版本、数据集 ID、数据量等。

图 8.25　数据集列表

2. 导入图片数据集

① 找到"智能交通信号灯检测"数据集，单击右侧操作栏中的"导入"按钮，进入界面，如图 8.26 所示。

图 8.26　单击"导入"按钮

② 进入数据集导入界面，"数据标注状态"选择"无标注信息"单选按钮，在"导入"下拉列表框中选择"本地导入""上传图片"，如图 8.27 所示。

图 8.27　数据集导入界面

③ 单击"上传图片"按钮，查看相关说明，其中需要注意的是，EasyDL 平台对同一数据集中存在的多个内容完全一致的图像，将会做去重处理；并且，单次上传的图像限制在 100 张以内。单击"添加文件"按钮，将任务一中整理的未标注训练集上传，如图 8.28 所示。

图 8.28　"上传图片"窗口

④ 选择训练集图片后，单击"开始上传"按钮，等待所有图片上传完成，如图8.29所示。

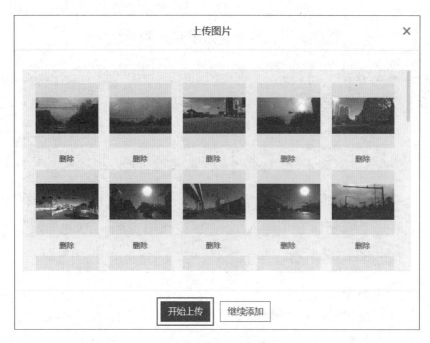

图 8.29　上传训练集

⑤ 上传完成后将自动跳转至数据集导入界面，可以看到训练集中的40张图片均已上传，单击"确认并返回"按钮，如图8.30所示。

图 8.30　确认上传数据

⑥ 单击后会跳转到"数据总览"界面，此时可以看到该数据集的状态为"正在导入"，如图8.31所示。

图 8.31　数据导入中

⑦ 当数据集导入完成后，可以看到导入状态更新为"已完成"，如图 8.32 所示。

图 8.32　数据导入完成

3. 尝试进行数据标注

① 单击该数据集右侧操作栏下的"查看与标注"按钮，进入"查看与标注"界面，如图 8.33 所示。

图 8.33　单击"查看与标注"按钮

② 进入"查看与标注"界面后，单击右上角"标注图片"按钮，进入"标注"界面，如图 8.34 所示。

③ 进入"标注"界面后，单击右侧的"添加标签"按钮，如图 8.35 所示。

图 8.34　单击"标注图片"按钮　　　　图 8.35　单击"添加标签"按钮

④ 输入第一个标签为"绿灯"，如图 8.36 所示，此处默认标注框为蓝色。单击"确定"按钮进行保存。

图 8.36　添加标签"绿灯"

⑤ 再次单击"添加标签"按钮，输入第二个标签为"红灯"。为了与标签"绿灯"区分，可以更换标签"红灯"的标注框颜色，选择颜色后单击"保存"按钮，再单击标签栏旁边的"确定"按钮进行保存，如

图 8.37 所示。

⑥ 单击"确定"按钮后，即可在标签栏下看到所创建的标签，在标签名旁，还可以看到对应标签的标注快捷键，如图 8.38 所示。

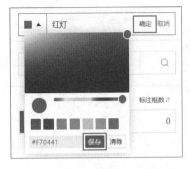

图 8.37　添加标签"红灯"　　　　　　图 8.38　标签列表

⑦ 标签添加完成后，即可进行数据标注。在左侧的图片区中，用光标框出目标，并按对应快捷键进行标注，如图 8.39 所示。

☞注意：在进行标注时，有以下几个注意事项。

● 标注框应紧贴目标物体的边缘进行画框标注，框的范围不可过大或过小；

● 当两个目标物体有重叠的时候，只要遮挡范围不超过一半就可以进行标注；

● 每一个目标物体均需要单独标注，并确保标注框坐标不在图片边界上；

● 模糊不清及不符合项目要求的图片不进行标注，太暗和曝光过度的图片同样不标注。

图 8.39　进行图片标注

⑧ 为目标选择好对应标签后，可单击界面上方"保存当前标注"按钮进行保存，或者单击"下一张"按钮进行保存，如图 8.40 所示。

图 8.40　保存标注

⑨ 按照上述步骤，完成 10 张图片数据的标注，掌握图片标注的方法。注意一定不要标注错误，否则将严重影响模型训练效果。

4. 导入已标注数据

① 为提高标注效率，可以使用本书配套资源"智能交通信号灯检测数据集"中的已标注数据。打开压缩包可以看到已标注数据集中包含两个文件夹"Images"和"Annotations"。"Images"文件夹中存放的是原始图片，"Annotations"文件夹中存放的是 XML 标注文件，每张图片对应一个 XML 格式的标注文件。用记事本打开其中一个文件，可以看到 XML 文件中给出了图像名称、目标物数量、图像尺寸、目标物类别、标注矩形框坐标等信息，示例格式如下所示。

```
<?xml version='1.0' encoding='UTF-8'?>
<annotation>
  <filename>01.jpeg</filename>--------> '图像名称'
  <object_num>1</object_num>--------> '目标物数量'
  <size>                    -------->'图像尺寸'
    <width>2704</width>
    <height>1520</height>
```

```
        </size>
        <object>
            <name>绿灯</name>         --------> '目标物类别'
            <difficult>0</difficult>    --------> '物体是否难以辨别，0 表示否'
            <bndbox>                 --------> '标注矩形框坐标'
                <xmin>1336</xmin>
                <ymin>972</ymin>
                <xmax>1348</xmax>
                <ymax>1021</ymax>
            </bndbox>
        </object>
    </annotation>
```

② 回到 EasyDL 数据集列表，单击"智能交通信号灯检测"数据集右侧操作栏的"导入"按钮，进入"导入数据"界面。"数据标注状态"选择"有标注信息"单选按钮；在"导入方式"下拉列表框中选择"本地导入""上传压缩包"选项；"标注格式"选择"xml（特指 voc）"单选按钮，如图 8.41 所示。单击"上传压缩包"按钮，选择本书配套资源"智能交通信号灯检测数据集（已标注）.zip"压缩包并上传，上传完成后，单击"确认并返回"按钮。

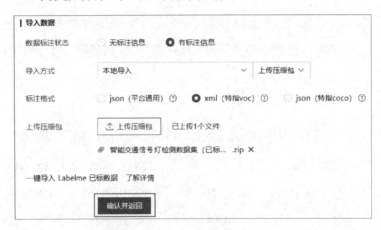

图 8.41　已标注数据集导入界面

③ 待数据集的导入状态更新为"已完成"时，可以看到数据量为 40，标注状态为 100%，如图 8.42 所示。

智能交通信号灯检测	数据集组ID: 316245				
版本	数据集ID	数据量	最近导入状态	标注类型	标注状态
V1	341730	40	●已完成	物体检测	100% (40/40)

图 8.42　已标注数据导入完成

任务 3 训练模型

数据标注完成后,即可通过 EasyDL 平台设置模型训练的相关参数,启动模型训练。数据采集完成后,需将数据上传至 EasyDL 平台,并通过矩形框进行标注,实施步骤如图 8.43 所示。

图 8.43 训练模型实施步骤

1. 设置训练配置

① 单击左侧导航栏"训练模型"选项卡,跳转至训练配置界面。在"选择模型"下拉列表框中选择"智能交通信号灯检测"模型;"训练配置"一栏的"部署方式"默认选择"公有云部署";"选择算法"选择"超高精度"单选按钮,如图 8.44 所示。在实际工程应用中,可以根据具体需求选择部署方式、算法以及高级训练配置。

图 8.44 设置训练配置

注意:EasyDL 平台提供多种物体检测模型的训练算法,开发者可根据实际需要选择"超高精度""高精度"或"高性能"算法。

- "超高精度"算法:模型精度最高,但模型体积大,预测较慢。
- "高精度"算法:模型精度较高,但模型体积大,预测性能介于超高精度和高性能算法之间。
- "高性能"算法:拥有更佳的预测性能,但模型精度有所降低。

② 设置好训练配置后,即可添加数据。单击"请选择"按钮,如图 8.45 所示。

图 8.45 添加训练集

③ 在弹出的窗口中选择"智能交通信号灯检测"数据集，检查右侧的"已选项"下是否是要进行训练的数据，确认无误后，单击"确定"按钮进行添加，如图 8.46 所示。

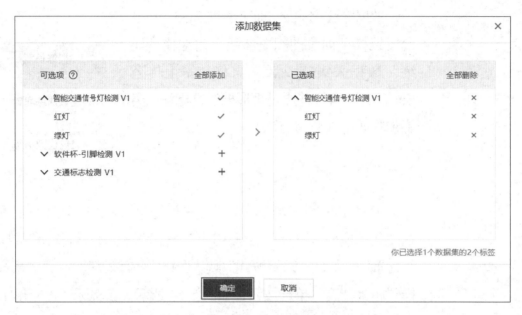

图 8.46　添加数据

④ 添加完数据之后若能在"训练模型"界面中查看到所选数据集、版本以及对应的标签数量，则表示数据添加完成，如图 8.47 所示。

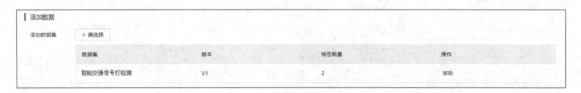

图 8.47　数据添加完成

⑤ 数据添加完成后，最后配置训练环境。"训练环境"选择"GPU P4"单选按钮。检查所有训练配置无误后，单击"开始训练"按钮，即可开始模型训练，如图 8.48 所示。

图 8.48　设置训练环境

2. 完成模型训练

① 模型训练时间与数据量大小有关，40 张图像大概需要半个小时，请耐心等待。训练过程中可单击"训练中"旁的感叹号查看训练进度，如图 8.49 所示。训练完成之后，EasyDL 平台会发送短信提醒。

② 约半个小时后，刷新界面，若训练状态更新为"训练完成"，表示模型已经训练完成，如图 8.50 所示。

【图像分类】识别猫和狗 ☑ 模型ID: 109506						⊙ 历史版本 🗑 删除
部署方式	版本	训练状态	服务状态	模型效果	操作	
公有云API	V1	训练中 ▮	未发布	-	查看版本配置 停止训练	
		训练进度: ▮▮▮▮▮ 1%				
		☐ 完成后短信提醒至 ☑				

图 8.49　模型训练中

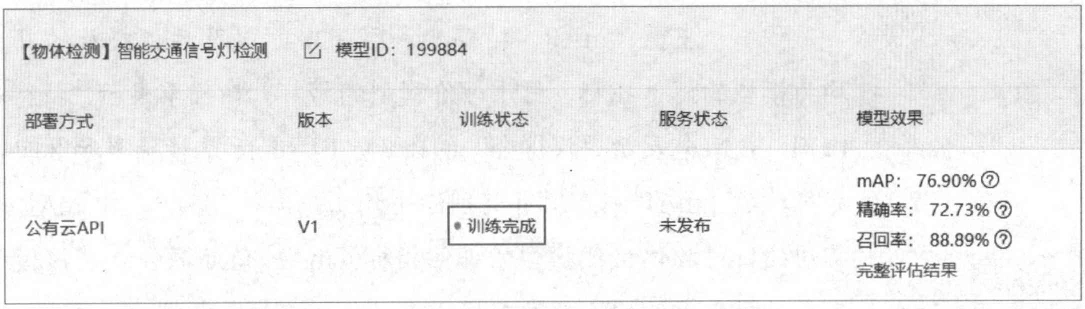

【物体检测】智能交通信号灯检测 ☑ 模型ID: 199884				
部署方式	版本	训练状态	服务状态	模型效果
公有云API	V1	● 训练完成	未发布	mAP: 76.90% ⑦ 精确率: 72.73% ⑦ 召回率: 88.89% ⑦ 完整评估结果

图 8.50　模型训练完成

任务 4　校验模型

模型训练完成后，可以查看模型评估报告，了解"智能交通信号灯检测"模型的训练效果，并通过测试集进行校验，查看模型的预测结果，其实施步骤如图 8.51 所示。

图 8.51　校验模型实施步骤

1. 查看模型评估报告

① 模型训练完成后，在"模型效果"一栏可以看到模型的平均精度均值（mean Average Precision，mAP）、精确率和召回率，单击"完整评估结果"按钮即可查看模型的评估报告，如图8.52所示。

【物体检测】智能交通信号灯检测　☑　模型ID：199884

部署方式	版本	训练状态	服务状态	模型效果
公有云API	V1	● 训练完成	未发布	mAP：76.90% ⑦ 精确率：72.73% ⑦ 召回率：88.89% ⑦ 完整评估结果

图 8.52　查看评估结果

☞　**注意：** mAP、精确率和召回率，以及后文提及的 F1-score 均为模型的评估指标，用于评价模型的好坏。精确率表示"找得对"的比例，召回率表示"找得全"的比例，F1-score 是精确率和召回率的调和平均数，mAP 则是所有类别的平均正确率（AP）。其中 mAP 是较为常用的针对物体检测模型的评估指标，mAP 值越高，表明该模型在给定的数据集上的检测效果越好。

② 在模型评估报告界面，可以查看训练集的图片数、标签数、训练时长以及 epoch，其中，epoch 为整个训练数据集参与训练的次数，如图8.53所示。

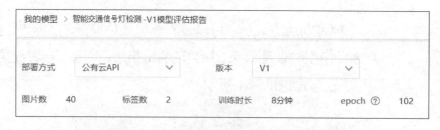

我的模型 ＞ 智能交通信号灯检测 -V1模型评估报告

部署方式	公有云API ∨		版本	V1 ∨
图片数　40	标签数　2	训练时长　8分钟	epoch ⑦　102

图 8.53　"智能交通信号灯检测"模型评估报告

③ 模型评估报告中也可以看到模型训练整体的情况说明，包括基本结论和 mAP、精确率、召回率的饼状图。在数据量较少的情况下，模型评估结论仅供参考，无法准确体现模型效果。从"整体评估"一栏可以看到本模型基本结论为：智能交通信号灯检测 V1 效果较好，建议

针对识别错误的图片示例继续优化模型效果，如图 8.54 所示。之后可以根据该建议优化模型效果。

图 8.54　模型整体评估

④ 在"详细评估"一栏，可查看不同阈值下 F1-score 的表现。在阈值为 0.3 时，F1-score 最高，如图 8.55 所示。因此在下一步校验模型时，建议设置阈值为 0.3。

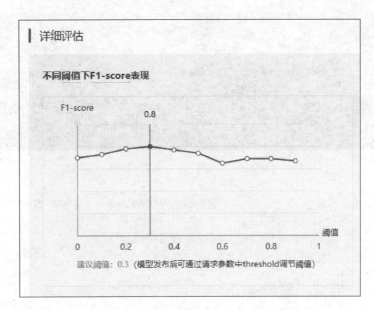

图 8.55　不同阈值下 F1-score 表现

⑤ 在评估报告中还可查看不同标签的 mAP 及对应的识别错误的图片，这里显示标签"红灯"的 mAP 为 56%，标签"绿灯"的 mAP 为 94%，如图 8.56 所示。

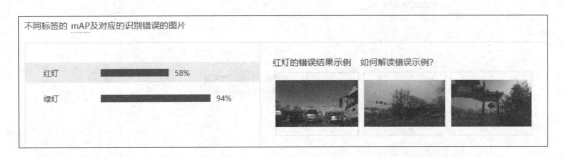

图 8.56　查看不同标签的 mAP

⑥ 选择标签"红灯",在右侧"红灯的错误结果示例"中,单击其中一张图片,即可查看错误详情,如图 8.57 所示。在错误详情界面,可以看到原标注结果和模型识别结果的对比,根据界面左下角的图例颜色,即可区分识别结果。为了方便查看,可以在右下角处取消勾选"正确识别"复选框,只查看"误识别"和"漏识别"两类。在 mAP 比较低,模型训练效果较差的情况下,可以比对这些识别错误的图片,找到目标特征的共性,并相应增加对应的数据或其他方式来修正模型。

图 8.57　按标签查看错误示例

2. 完成模型校验

① 单击左侧导航栏"校验模型"选项卡,在"选择模型"下拉列表框中选择"智能交通信号灯检测",单击"启动模型校验服务"按钮,等待 3～5 分钟即可进入模型校验界面,如图 8.58 所示。

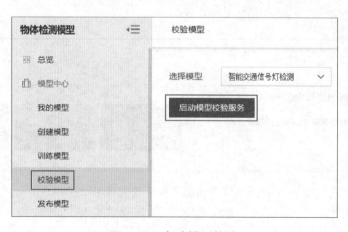

图 8.58　启动模型校验

② 进入模型校验界面之后单击"点击添加图片"按钮，选择测试集中一张图像进行上传，如图 8.59 所示。

图 8.59　添加测试图像

③ 上传图片进行校验之后，稍等片刻就可以在界面中查看校验的结果。根据模型评估报告中的建议，将"调整阈值"设置为 0.3，在界面右侧即可查看对应模型预测标签，如图 8.60 所示。通过检测结果看到，部分图像的测试结果是相对准确的，但是误识别率也较高。如果想要得到效果更好的模型，建议增加数据量。至此，"智能交通信号灯检测"项目已开发完成。

图 8.60　模型校验结果

通过学习本项目，加深了计算机视觉的理解；了解如何通过图像的分类、识别、分割、跟踪等技术进行结合，在各行业场景中发挥作用；能够通过 EasyDL 图像模型完成图像分类模型训练识别项目。

◈ 自我测试

通过网络下载公开数据集，训练得到一个 mAP 达到 85%以上的物体检测模型，应用场景不限。

◆ **情境导入**

　　随着电商行业的发展，消费者对商品的品质产生了更高的追求。消费者在线上购买商品时，往往会参考购买过此商品的消费者的评论。通过分析这些评论，一方面能够方便消费者选择出自己心仪的商品；另一方面也可以让商家更好地分析自己商品的优缺点，从而调整销售策略。因此，对商品评论进行分析具有较大的实用价值。

◆ **学习目标**

　　（1）理解自然语言处理的定义。
　　（2）理解自然语言处理的一般处理流程。
　　（3）了解自然语言处理的应用场景。
　　（4）了解 EasyDL 文本处理的典型应用。
　　（5）能够利用 EasyDL 文本模型开发文本分类项目。

◆ **相关知识**

一、　自然语言处理的定义

　　每种动物都有自己的语言，机器也是。如图 9.1 所示，人类通过语言来交流，猫咪通过喵喵叫来交流，机器也有自己的交流方式，那就是数字信息。

图 9.1　不同的对象都有自己的沟通方式

语言不同是无法沟通的，如人类就无法听懂猫叫，不同语言的人类之间也无法直接交流，需要翻译才能交流。计算机之间相互交流需要遵守一定的规则，这些规则就是计算机之间的语言。不同人类语言之间可以通过翻译进行沟通，而自然语言处理（NLP）就是人类和机器之间沟通的桥梁，如图 9.2 所示。

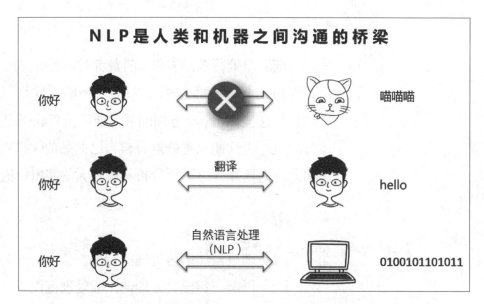

图 9.2　NLP 是人类和机器之间沟通的桥梁

自然语言就是大家平时在生活中常用的表达和交流方式，我们平时说的"讲人话"就是用自然的语言来表达内心的意图。如以下示例说明了自然语言和非自然语言的区别。

自然语言：手机贴膜。

非自然语言：智能数字通信设备表面高分子化合物线性处理。

自然语言处理是人工智能中非常特别的一部分，也是特别困难的问题之一。它是一门融入了语言学、计算机科学、认知科学、信息论、数学等专业于一体的交叉学科，研究能实现人与机器之间用自然语言进行有效通信的各种理论和方法。实现人机间自然语言通信，可以使机器既能理解自然语言的意义，也能以自然语言来表达给定的意图、思想等。

二、 自然语言处理的任务

自然语言处理的两大任务为自然语言理解（NLU）和自然语言生成（NLG）。

1. 自然语言理解

自然语言理解是希望机器像人一样，具备正常人的语言理解能力，让机器能"懂"自然语言表达的意思。虽然自然语言理解的表现还远达不到跟人类一样，但是已经越来越"懂"、越来越"聪明"了。

自然语言理解的关键技能就是意图识别和实体提取。在生活中，如果想要订机票，人们会有很多自然语言的表达，如图9.3所示。

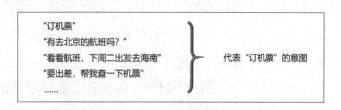

图9.3 代表"订机票"的意图

当人们听到这些表达，可以准确理解这些表达指的是"订机票"这件事，但对机器而言要理解这么多种不同的表达就是个挑战。

目前有两种方式来让机器识别意图。一种是基于规则的意图判断，如图9.4所示，只要包含了提前设定好的关键词，就能识别意图；但如果不包含，机器则无法识别。

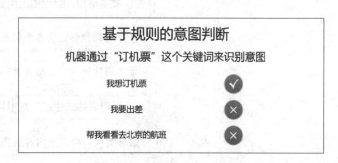

图9.4 基于规则的意图判断

另一种则是基于自然语言理解来识别用户意图，如图9.5所示，通过训练，可以让机器从各种自然语言的表达中识别出意图的归属，还能自动提取出"海南""下周二"这样的实体。

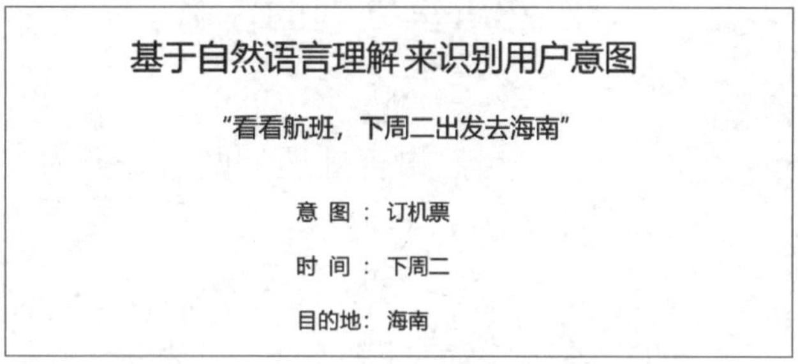

基于自然语言理解来识别用户意图

"看看航班，下周二出发去海南"

意　图：订机票

时　间：下周二

目的地：海南

图 9.5　基于自然语言理解的意图判断

2. 自然语言生成

自然语言生成是自然语言处理的重要组成部分，它主要目的是降低人类和机器之间的沟通鸿沟，将非语言格式的数据转换成人类可以理解的语言格式。自然语言生成有两种方式：文本到语言的生成、数据到语言的生成。自然语言生成有三个层级：

① 简单的数据合并，如字处理软件中的邮件合并，将数据填充到文本。

② 使用模板驱动模式来显示输出，如篮球比赛得分板，数据动态地保持更新，并由预定的业务规则模板生成文本。

③ 高级的自然语言生成，像人类一样理解意图，考虑上下文，并将结果呈现为用户可以轻松阅读和理解的富有洞察力的叙述。

自然语言生成的步骤如图9.6所示。

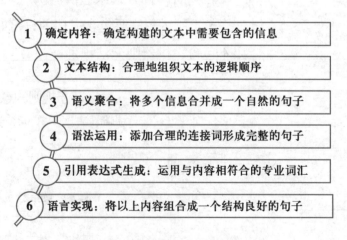

1　确定内容：确定构建的文本中需要包含的信息

2　文本结构：合理地组织文本的逻辑顺序

3　语义聚合：将多个信息合并成一个自然的句子

4　语法运用：添加合理的连接词形成完整的句子

5　引用表达式生成：运用与内容相符合的专业词汇

6　语言实现：将以上内容组合成一个结构良好的句子

图 9.6　自然语言生成的基本步骤

自然语言生成能够大规模地产生个性化内容，帮助人类洞察数据，让数据更容易理解，可以加速内容的生产。

3. 自然语言处理的实现途径

自然语言处理可以使用传统的机器学习方法来处理，如图 9.7 所示，也可以使用深度学习的方法来处理，如图 9.8 所示。

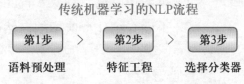

图 9.7　传统机器学习的自然语言处理流程

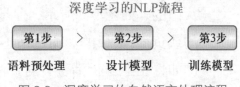

图 9.8　深度学习的自然语言处理流程

传统机器学习需要人工进行特征选择、特征提取，在简单的自然语言处理任务中应用这种方法通常有效。而深度学习是通过模型匹配来替代人工进行特征选择和特征提取，更接近人类的思维，也极大提高了机器效率。

深度学习在自然语言处理问题上与传统机器学习方法相比有着显而易见的巨大优势。通过简单分析就能知道，要人工准确提取文本特征难度极大，而且这些特征并不能很好地表示文本的语义、语法，会丢失很大一部分有用信息，而深度学习就是将特征选择、特征提取的环节交给深度网络去自动完成，通过更高的计算成本换取更全面更优良的文本特征。

三、　自然语言处理的应用

自然语言处理正在人们的日常生活中扮演着越来越重要的作用，主要应用在文本和语音两个方面。

文本方面的应用主要有：基于自然语言理解的智能搜索引擎、智能检索、智能机器翻译、自动摘要与文本综合、文本分类与文件整理、智能自动作文系统、自动判卷系统、信息过滤与垃圾邮件处理、文学研究与古文研究、语法校对、文本数据挖掘与智能决策以及基于自然语言的计算机程序设计等。

语音方面的应用主要有：机器同声传译、智能远程教学与答疑、语音控制、智能客户服务、机器聊天与智能参谋、智能交通信息服务、智能解说与体育新闻实时解说、语音挖掘与多媒体挖掘、多媒体信息提取与文本转化以及对残疾人智能帮助系统等。

下面介绍几个典型的自然语言处理应用。

1. 情感分析

互联网上有大量的文本信息，这些信息想要表达的内容是五花八门的，如图9.9所示，但是它们抒发的情感可以分为：正面/积极的或负面/消极的。通过情感分析，可以快速了解用户的舆情情况。例如，企业分析消费者对产品的反馈信息，或检测在线评论中的差评信息，分析用户评价是积极还是消极的，从而指导企业进行经营策略调整。

图9.9　情感分析

2. 智能问答与智能对话

智能问答是指利用计算机自动回答用户所提出的问题以满足用户知识需求的任务。智能对话则是一种模拟人类并旨在与人类形成连贯通顺对话的计算机系统。

智能问答现在多用于回答知识的领域，能够在用户对某一知识进行查询时，回复单一且准确的答案。大数据提供了更多的知识，使得"有问必答"，深度学习模型提高了问答的准确性，使得机器逐渐从"用知识"到"学知识"。

智能对话将人机交互的输入形式从语言、文字扩展到语音、文字、图片、媒体等，并结合数字人、VR，生成富文本对话形式，如图 9.10 所示。智能对话可以降低人工成本、提升客服对话效率，挖掘潜在数据价值。应用场景有：语音导航、在线客服、来电秘书、客服助手、视频客服、智能培训等。

3. 智能搜索

搜索引擎的基本模式是自动化聚合足够多的内容，对之进行解析、处理和组织，响应用户的搜索请求，找到对应结果返回，如图 9.11 所示。自然语言处理中的词义消歧、句法分析、指代消解等技术在搜索引擎中应用广泛。如用户可以搜"天气""日历""机票"及"汇率"这样的模糊需求，会直接在搜索结果呈现结果。用户还可以搜索"中国发射的航天飞船"这样的复杂问题，搜索引擎都可以准确地回答。

图 9.10　智能对话

图 9.11　智能搜索

4. 智能推荐

智能推荐依据大数据和历史行为记录，分析出用户的兴趣爱好，预测出用户对某物品的评分或偏好，实现对用户意图的精准理解。对语言进行精准匹配，帮助用户发现有价值的信息，让信息能够展示在对它感兴趣的用户面前，解决信息过载和用户无明确需求的问题。例如，在新闻服务领域，通过用户阅读的内容、时长、评论等偏好，以及社交网络甚至是所使用的移动设备型号等，综合分析用户所关注的信息源及核心词汇，进行专业的细化分析，从而进行新闻推送，实现新闻的个人定制服务，如图 9.12 所示，最终提升用户黏性。

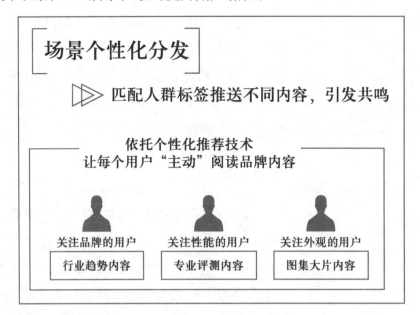

场景个性化分发

▷ 匹配人群标签推送不同内容，引发共鸣

依托个性化推荐技术
让每个用户"主动"阅读品牌内容

关注品牌的用户	关注性能的用户	关注外观的用户
行业趋势内容	专业评测内容	图集大片内容

图 9.12　智能推荐

5. 舆情分析

通过关键词提取、文本聚类、主题挖掘等算法模型，挖掘突发事件、舆论导向，进行话题发现、趋势发现、舆情分析等。多维度分析情绪、热点、趋势、传播途径等，及时全面地掌握舆情动态，并进行危机舆情的监控，如图 9.13 所示。

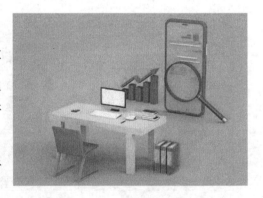

图 9.13　舆情分析

四、　EasyDL 文本处理

EasyDL 开发平台基于文心大模型推出高精度 NLP 模型，广泛应用于信息分类、情感分析等场景。

1. EasyDL 文本处理的模型定制能力

文本分类-单标签：定制分类标签实现文本内容的自动分类，每个文本仅属于一种标签类型。应用场景：新闻推荐、电商评论分类等。

文本分类-多标签：定制分类标签实现文本内容的自动分类，每个文本可同时属于多个分类标签。应用场景：兴趣画像匹配等。

情感倾向分析：对包含主观信息的文本进行情感倾向性判断，情感极性分为积极、消极、中性。应用场景：电商评论分析、舆情分析等。

文本实体抽取：定制文本实体抽取模型，对文本进行内容抽取，并识别为自定义的实体类别标签。应用场景：金融研报信息识别、法律案件抽取等。

短文本相似度：定制短文本相似度模型，基于深度学习技术，可实现对两个文本进行相似度的比较计算，获得两个文本的相似度值。应用场景：搜索推荐、知识问答等。

文本实体关系抽取：定制实体关系抽取模型，是指从文本中抽取出预定义的实体类型及实体间的关系类型，得到包含语义信息的实体关系三元组，每个实体关系三元组由两个实体及其关系构成。应用场景：行业知识图谱构建、行业问答推理等。

文本创作：基于文心 ERNIE 3.0，定制训练文本创作模型，实现基于输入文本内容进行创作和续写。应用场景：广告创意、文种风格创意、文学创作等。

评论观点抽取：定制评论观点抽取模型，实现从文本中抽取评价片段、评价维度、评价观点，并判断评价情感倾向。应用场景：辅助消费决策、互联网舆情分析等。

2. EasyDL 文本处理的基本流程

无需机器学习专业知识，通过准备数据、创建模型、数据上传及标注、训练模型、模型校验、发布模型全流程可视化便捷操作，即可获得一个高精度文本处理模型。

① 准备数据。通过爬虫抓取数据或从已有的文档获取数据。

② 创建模型。确定模型名称，记录希望模型实现的功能。

③ 数据上传并标注。不同类型的任务对应的数据格式不一致，可以上传未标注数据并使用平台提供的标注工具进行标注，或直接上传各任务的标注数据。

④ 训练模型。选择部署方式与算法，用上传的数据一键训练模型。

⑤ 模型校验。模型训练完成后，可在线校验模型效果。

⑥ 发布模型。根据训练时选择的部署方式，将模型以云端 API、

设备端私有 API 等多种方式发布使用。

"书籍评论分类" 项目开发

4 月 23 日是世界读书日，书籍是人类宝贵的精神财富，读书能够滋养心灵，提升思想境界、增强精神力量。假设你是某书店里的运营人员，现计划对读者关于"四大名著儿童版"图书系列的评论进行分析，了解该系列图书的优缺点，了解消费者的关注点，因此需要进行"书籍评论分类"功能开发，实现将消费者的评论智能分类为"好评"和"差评"。

"评论分类"项目可运用文本分类技术进行实现，基于 EasyDL 文本分类–单标签模型能够零门槛开发人工智能项目，实现对电商场景下某书店的消费者书籍评论进行自动分类，如图 9.14 所示。

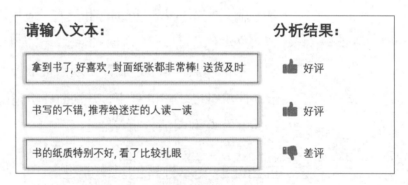

图 9.14 "书籍评论分类"项目实现效果

本案例的实现思路如图 9.15 所示。

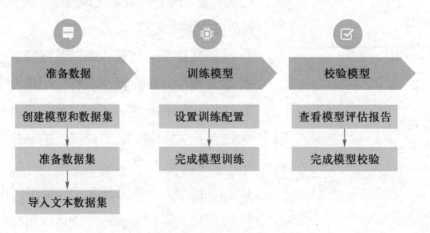

图 9.15 "书籍评论分类"项目实施思路

（1）准备数据。通过电商平台，采集某网上书店的消费者评论，分为训练集与测试集。并按照 EasyDL 平台的数据导入格式要求，对训练集中的文本数据进行标注。

（2）训练模型。使用 EasyDL 平台"高精度"算法进行模型训练，得到模型。

（3）校验模型。查看模型评估报告，通过模型评估指标了解模型效果，并利用测试集进行校验，查看最终实现效果。

任务 1　准备数据

本案例可通过 EasyDL 平台完成项目开发，第一个任务为准备数据，实施步骤如图 9.16 所示。

1. 创建模型和数据集

① 打开浏览器，搜索"EasyDL"，进入 EasyDL 平台，单击"立即使用"按钮，在弹出的"选择模型类型"对话框中选择"文本分类-单标签"，如图 9.17 所示。

图 9.16　准备数据实施步骤

图 9.17　"选择模型类型"对话框

② 进入登录界面，输入账号和密码，即可进入文本分类-单标签模型管理界面。在界面左侧的导航栏中，单击"我的模型"选项卡，单

击"创建模型"按钮，进入信息填写界面，如图 9.18 所示。

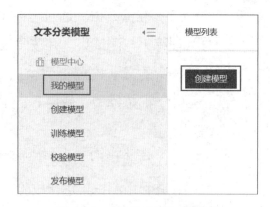

图 9.18 "我的模型"标签页

③ 在"任务场景"下拉列表框中选择"短文本分类任务"选项，该场景适用于文本长度小于 512 字符的中文文本数据；在"模型名称"文本框中输入"书籍评论分类"；"你的身份"选择"学生"，并输入个人的邮箱地址和联系方式；在"功能描述"文本框中输入该模型的作用。信息填写完成后，单击"下一步"按钮即可创建成功，如图 9.19 所示。

图 9.19 创建模型

④ 在"我的模型"界面中即可看到所创建的模型。单击"创建数据集"按钮，进入信息填写界面，如图9.20所示。

图9.20 单击"创建数据集"按钮

⑤ 在"数据集名称"文本框中输入"书籍评论分类"，其他保持默认，信息填写完成后，单击"完成"按钮，创建数据集，如图9.21所示。

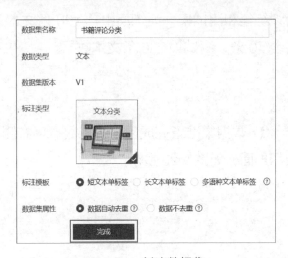

图9.21 创建数据集

⑥ 数据集创建完成后，即可在"数据总览"界面中看到所创建的数据集的信息，包括版本号、标注类型、标注状态等。

2. 准备数据集

① 本项目为"书籍评论分类"，所需数据集为某线上书店下的消费者评论，该数据集可通过电商平台进行采集，并进行数据标注，分类为"好评"和"差评"。每个分类建议至少准备50条数据，如果想要较好的效果，建议准备1000条以上数据。

② 根据EasyDL平台导入已标注数据的要求，可以将数据存储为xlsx格式。Excel文件内的数据格式要求为：第一列为数据文本内容（即所采集的评论），第二列为文本对应标签（即评论的所属类别）。注意，务必确保数据存储在Excel文件的sheet1中，同时首行作为表头

将被系统忽略，如图9.22所示。

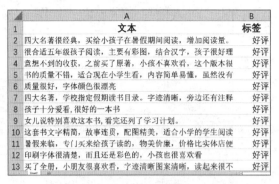

图 9.22 已标注数据集示例

③ 按照上述要求采集并标注数据，准备好数据集。若无采集条件，则可使用本书配套资源"书籍评论分类数据集"进行实操，该数据集包含训练集和测试集，训练集中含100条文本数据，"好评"和"差评"各含50条，测试集含6条文本数据。

3. 导入文本数据集

① 数据集准备完成后，单击数据集右侧"导入"按钮，进入导入数据界面，如图9.23所示。

图 9.23 单击"导入"按钮

② "数据标注状态"选择"有标注信息"单选按钮，在"导入方式"下拉列表框中选择"本地导入""上传 Excel 文件"选项，单击"上传 Excel 文件"按钮，如图9.24所示。

图 9.24 设置数据导入的方式

③ 选择准备好的Excel文件上传。上传完成后，可以在"上传Excel文件"按钮旁看到所上传的文件数量，单击"确认并返回"按钮，如

图 9.25 所示。

图 9.25　单击"确认并返回"按钮

④ 确认之后会回退到"数据总览"界面，此时可以看到该数据集的状态为"正在导入"，等待数据集导入完成，约 1 分钟，如图 9.26 所示。

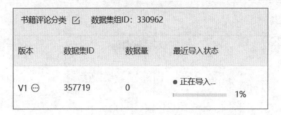

图 9.26　数据集"正在导入"界面

⑤ 数据集导入完成后，可以看到数据量已更新，并且标注状态为 100%。单击数据集右侧"查看"按钮，可查看数据的标注情况，如图 9.27 所示。

图 9.27　数据集导入"已完成"界面

⑥ 进入界面后，单击界面上方的"有标注信息（100）"选项卡。可以看到该数据集的全部标签，以及各个标签对应的数据量和文本，如图 9.28 所示。

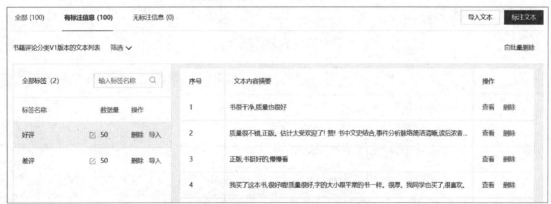

图 9.28　查看数据的标注情况

数据标注完成后，即可通过 EasyDL 平台设置模型训练的相关参数，启动模型训练，实施步骤如图 9.29 所示。

图 9.29　训练模型实施步骤

1.　设置训练配置

①　单击左侧导航栏"训练模型"选项卡，跳转至训练配置界面。在"选择模型"下拉列表框中选择"书籍评论分类"模型；其余选项保持默认，如图 9.30 所示。

图 9.30　设置训练配置

②　设置好训练配置后，即可添加数据。单击"请选择"按钮，如图 9.31 所示。

图 9.31　添加训练集

③ 在弹出的对话框中选择"书籍评论分类 V1"数据集，检查右侧的"已选项"下是否是要进行训练的数据，确认无误后，单击"确定"按钮进行添加，如图 9.32 所示。

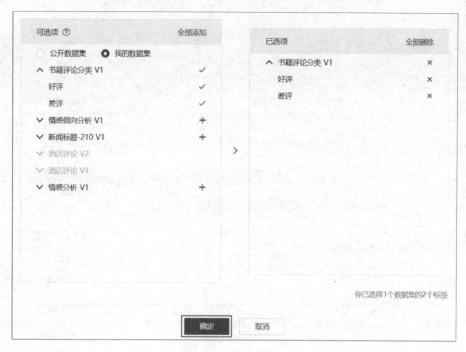

图 9.32 添加数据

④ 添加完数据之后若能在训练模型界面中查看到所选数据集、版本以及对应的分类数量，则表示数据添加完成，如图 9.33 所示。

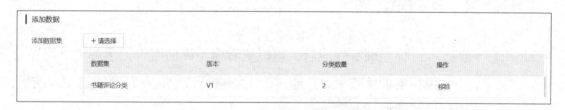

图 9.33 数据添加完成

⑤ 数据添加完成后，配置训练环境。选择"GPU P40"单选按钮，检查所有训练配置无误后，单击"开始训练"按钮，即可开始模型训练，如图 9.34 所示。

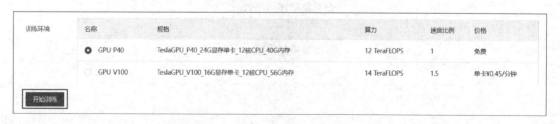

图 9.34 设置训练环境

2. 完成模型训练

① 模型训练时间与数据量大小有关，100 条文本数据大概需要 15 分钟训练时间，请耐心等待，如图 9.35 所示。

图 9.35　模型训练中

② 约 15 分钟后，刷新界面，若训练状态更新为"训练完成"，表示模型已经训练完成，如图 9.36 所示。

图 9.36　模型训练完成

任务 **3** 校验模型

模型训练完成后，可以查看模型评估报告，了解"书籍评论分类"模型的训练效果，并通过测试集进行校验，查看模型的预测结果，其实施步骤如图 9.37 所示。

图 9.37　校验模型实施步骤

1. 查看模型评估报告

① 模型训练完成后，在"模型效果"一栏可以看到模型的准确率和 F1-score，单击"完整评估结果"按钮即可查看模型的评估报告，如图 9.38 所示。

图 9.38 查看完整评估结果

② 在模型评估报告界面，可以查看模型的整体情况，包括基本结论和准确率、F1-score、精确率、召回率饼状图。可以看到本模型基本结论为：书籍评论分类 V1 效果优异，如图 9.39 所示。

图 9.39 模型整体评估

③ 在"详细评估"一栏，可查看参与评估的样本的具体情况，如图 9.40 所示，从预测表现可知，模型训练效果较好，仅 1 个数据被预测错误。

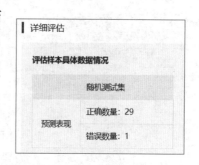

2. 完成模型校验

① 单击左侧导航栏"校验模型"选项卡，在"选择模型"下拉列表框中选择"书籍评论分类"，单击"启动模型校验服务"按钮，等待 3~5 分钟即可进入模型校验界面，如图 9.41 所示。

图 9.40 查看参与评估的样本的具体情况

图 9.41 启动模型校验

② 进入模型校验界面后,从测试集中复制一条文本数据到文本框,单击"校验按钮"即可查看模型效果,如图 9.42 所示。从识别结果可知,模型的预测结果较为准确。

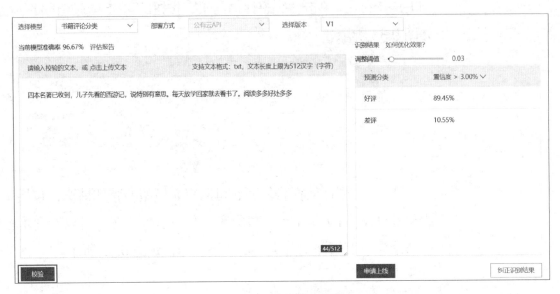

图 9.42　进行模型校验

小结与测试

通过学习本项目,了解自然语言处理的定义及自然语言理解和自然语言生成,并了解自然语言处理的实现途径及自然语言处理的常见应用场景。能基于百度 EasyDL 零门槛人工智能开发平台,通过对书籍评论数据的准备、模型的创建、训练校验,实现把消费者关于书籍的评论智能分类,体验自然语言处理的项目开发流程。

◆ 自我测试

准备数据集,利用 EasyDL 文本分类-单标签模型,训练得到一个能够对评论进行自动评分的模型,评分标签为 1、2、3、4、5,其中,评分标签"1"为最低分,表示消费者的体验最差,评分标签"5"为最高分,表示消费者的体验最好。

◆ **情境导入**

　　近几年来人工智能高速发展，人们更加期待能够与机器进行直接的语言交流。而智能语音技术以其强大的智能性和可操作性，被人们广泛地接受。智能语音技术可以让机器听懂我们所说的话，并作出相应的反馈，从而实现人与机器之间的语言交流。

◆ **学习目标**

　　（1）理解智能语音技术的定义及其处理流程。

　　（2）理解语音合成、语音识别、语音评测及声纹识别等智能语音技术的常见任务。

　　（3）了解智能语音技术在车载、教育、金融、医疗等领域中的应用场景。

　　（4）理解 EasyDL 语音模型操作流程，并能利用 EasyDL 语音模型开发声音分类项目。

◆ **相关知识**

一、 智能语音技术的定义

　　语音是人类沟通最自然便捷的方式，智能语音技术是人工智能应用较成熟的技术，就是让智能设备"能听会说"。它是一门涉及数字信号处理、人工智能、语言学、数理统计学、声学、情感学及心理学等多学科交叉的科学。智能语音解决的问题，就是使设备可以感知周围的听觉世界，用声音和人做最自然的交互，让操控和生活更为便捷。

智能语音的基础在于通过神经网络技术，提升语音识别的识别率，同时可以用语义理解分析出人的意图，进行相应的操控，反馈时可以播放预设的声音或通过语音合成来合成声音播放，输出结果。

常见的智能语音处理流程，如图 10.1 所示。

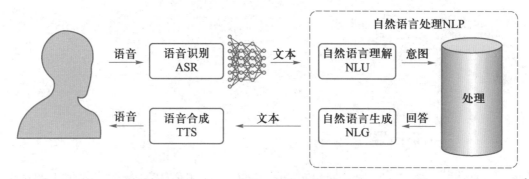

图 10.1　智能语音处理流程

二、　智能语音技术的常见任务

1.　语音识别（ASR）

语音识别就是让机器通过识别和理解，把人通过麦克风或其他录音设备输入的语音信号转变为文本或者命令，以便机器正确理解并作出相应的操作，简单来说就是让机器"能听"。

语音识别的过程如图 10.2 所示，人类的语音信息中包含了非常多的信息，语音识别只关注其中对于识别结果有帮助的部分，如文字字数、文字声调等，这些信息对于机器能否正确理解语音表达的意思非常关键。经过特征提取，再将其在声学模型中进行匹配，得到的结果是这一段声音波形在声学模型中匹配的发音。再将这些发音去语音模型中进行匹配，最终得到识别文字。这个过程类似在新华字典中找出发音对应的汉字，并将它们组合在一起，找出一个最匹配的汉字组合。通过声音输入、信号预处理、特征提取、模式匹配和语言处理，完成了整个语音识别的过程，实现了从声音到文字的转换。

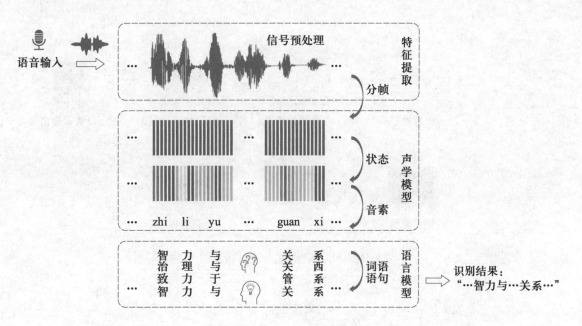

图 10.2　语音识别的过程

　　语音识别面临的挑战：如何提高收音质量，解决在多人、声音嘈杂、距离较远、有回声等场景下能"听清楚"；如何提升在不同情绪下语速、声调不同及口语化和方言口音的语音识别能力；如何提升在专业领域如导航、医疗、办公、美食等有不同的声音和语音特性的场景的语音识别能力。

2. 语音合成（TTS）

　　语音合成就是让机器会说，相当于给机器装上了一个嘴巴，能够像人类一样发出声音，又称文语转换（Text to Speech）。语音合成能将任意文字信息实时转化为标准流畅的语音朗读出来，它涉及声学、语言学、数字信号处理、计算机科学等多个学科。

　　语音合成首先对文本进行语言处理，模拟人对自然语言的理解过程，如文本规整、分词、语法分析和语义分析，使机器能完全理解输入的文本，并给出各种发音提示。然后进行韵律处理，规划出音段特征，如音高、音长和音强等，使合成语音能正确表达语意，听起来更加自然。最后进行声学处理，根据语言处理和韵律处理结果的要求输出语音。整个处理流程如图 10.3 所示。

　　语音合成的几个关键点在于声音的表现力、音质、复杂度和自然度，如图 10.4 所示。

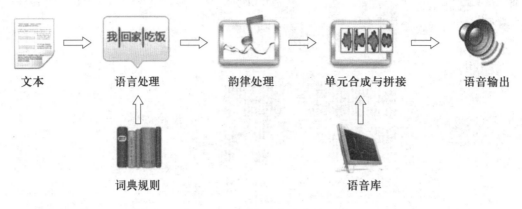

文本　　　语言处理　　　韵律处理　　　单元合成与拼接　　　语音输出

词典规则　　　　　　　　　　　　语音库

图 10.3　语音合成处理流程

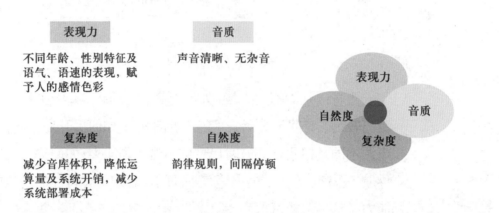

表现力
不同年龄、性别特征及语气、语速的表现，赋予人的感情色彩

音质
声音清晰、无杂音

复杂度
减少音库体积，降低运算量及系统开销，减少系统部署成本

自然度
韵律规则，间隔停顿

图 10.4　语音合成技术的关键点

表现力让机器的声音更饱满，能够通过声音刻画出"人"的感情色彩，如儿童版智能音箱声音就是童声，体现了适用于儿童的声音定位。音质是指机器发出的声音清晰，无杂音。复杂度是指要尽可能地减小音库体积，降低运算量及系统开销，减少系统部署成本。自然度是机器发音要符合韵律规则，会像人类发音一样有间隔停顿。早期的语音合成，我们可以很轻易地判断出哪些声音是由机器发出的，而现在的语音合成技术，已经可以媲美真人发音，几乎完全察觉不出到底是真人发音还是机器发音，如导航系统中，不同明星的声音，都是利用语音合成技术实现的。

3. 语音评测

语音评测是指通过智能语音技术自动对发音水平进行评价，对发音错误、缺陷进行定位和问题分析，让机器判断我们的发音水平是否标准。

语音评测处理过程如图 10.5 所示。

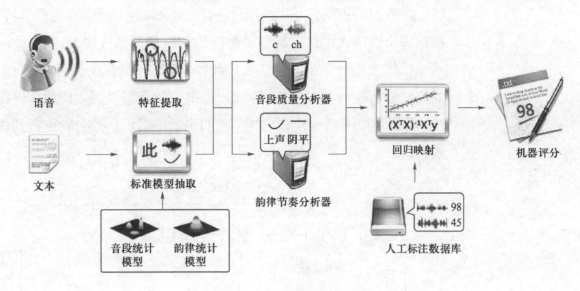

图 10.5　语音评测处理过程

语音评测可以分朗读评测和口语表达评测，如图 10.6 所示。朗读评测是指评测限定文本的发音水平，口语表达评测则是针对非限定文本的发音评测。

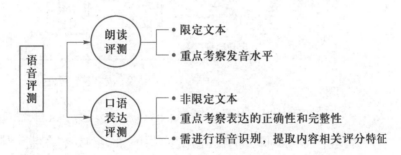

图 10.6　语音评测

生活中的口语考试，如普通话等级考试系统、英语口语考试系统、幼儿英语学习 app 等都应用到了语音评测。

4. 声纹识别

声纹识别是指根据语音中说话人的生理和行为特征，自动识别说话人身份的生物识别。小孩子说话的声音和成年人是不一样的。声音识别包括确认和辨认，确认是判断声音是否是同一个人发出的；而辨认则是判断声音是由谁发出的。

声纹识别的处理主要分为两个阶段,注册语音阶段和测试语音阶段,如图 10.7 所示。在注册语音阶段,提取不同说话人的声学特征,根据每个说话人的语音特征训练得到对应的说话人模型,将全体说话人模型集合在一起组成说话人声纹模型库。在测试语音阶段,对识别的测试语音进行相同的特征提取,将语音特征与说话人模型库进行比对,得到对应说话人模型的相似度打分,根据识别打分判别得到说话人身份。

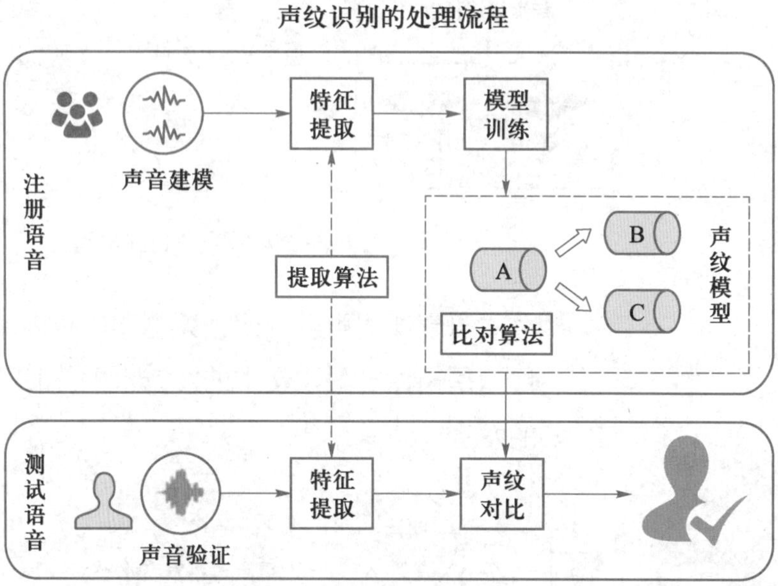

声纹识别的处理流程

图 10.7　声纹识别处理流程

声纹识别应用覆盖场景很多,在公共安全、金融、社保、电话银行、智能门禁等领域都有广泛的应用前景。例如,在生活中,对电视语音助手说"我想看西游记",如果识别出是小孩子的声音,就播放西游记的动画片;如果识别出是成年人的声音,就播放电视剧版的西游记等等。

三、 智能语音技术的应用

智能语音技术应用按客户类型可分为消费级市场应用和企业级市场应用。消费级应用主要立足于日常生活,包括智慧生活、智能家居、智慧办公、智能驾驶等应用场景,本质上是智能语音技术对各类终端赋能,实现各生活场景下的语音交互。企业级应用主要服务于特定场景,包括智慧医疗、智慧教育、智慧电信、智慧金融、智慧电商等专业应用场景。

第3篇　人工智能赋能

1. 智能驾驶中智能语音技术应用场景

随着互联网通信技术及智能交通技术的快速发展,智能驾驶成为汽车行业未来发展趋势,而智能语音技术将成为人车交互场景中重要的一环,用户通过智能语音技术可以实现多媒体娱乐、车辆控制、智能导航、声纹监控等多种功能, 如图 10.8 所示。

图 10.8　智能驾驶中的智能语音应用

2. 金融行业中智能语音技术应用场景

在金融行业中, 智能语音技术应用在智能质检、智能外呼、智能客服、智能 RPA (机器人流程自动化)、声纹识别等多种场景, 如图 10.9 所示。智能质检场景如话务质检、内容质检、话术分析, 在业务质检方面, 如投诉分析、质检评分、运维监控。智能客服场景如通过语音识别、自然语言理解、知识图谱等技术部分替代人工客服,降本增效。智能 RPA 场景如信贷审核、外汇审核、审计、理赔审核等金融辅助审核。

图 10.9　金融行业智能语音技术应用场景

3. 教育领域中智能语音技术应用场景

　　智能语音在教育领域中有着广泛的应用，如图 10.10 所示。通过语音识别实时转写教师讲课语音为文字，便于关键词和知识点的快速定位，可有效提高直播课、小班课和互动课堂的质量。利用静音检测、语速检测，结合计算机视觉等多模态算法，自动化监测上课互动情况和教学质量。智能化外语评测中，对语音的完整性、韵律节奏及语法、语义进行评测，通过语音合成与 VR 技术打造虚拟名师形象，通过亲切的语音、动作、文字等方式与学生互动。

图 10.10　教育领域中智能语音技术应用场景

4. 医疗健康领域中智能语音技术应用场景

　　门诊通过语音输入方式生成结构化病历、执行病历检索，高效记录医患沟通；使用导诊机器人，通过语音帮助患者挂号，根据病症描述预诊断或推荐科室；自动电话随访患者恢复情况且提醒复诊，自动整理对话内容，都是智能语音在医疗健康领域中典型的应用场景，如图 10.11 所示。

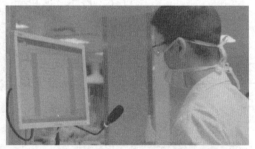

图 10.11　医疗健康领域中智能语音技术应用场景

四、　EasyDL 语音模型介绍

　　EasyDL 语音是零代码自助训练语音识别语言模型，声音分类模型，对业务领域专有名词识别准确率较高，能区分不同声音类别，广泛适用于行业数据采集录入、语音指令、呼叫中心、声音类型检测等应用场景。

1. EasyDL 语音的模型定制能力

EasyDL 语音包含语音识别和声音分类两种训练能力。

（1）语音识别能力

语音识别应用的场景专业词汇较集中，如医疗词汇、金融词汇、教育用语、交通地名、人名等，识别结果存在"同音不同字"的情况。如"虹桥机场"识别为"红桥机场"，"债券"识别为"在劝"。

语音识别结果不准带来较高的后处理成本，可以通过自助训练语言模型的方式有效提升业务场景下的识别准确率。训练语音识别模型可以在以下应用场景中获得更好的识别效果。

语音对话：语音助手，金融、医疗、航空公司智能机器人对话等短语音交互场景，使用领域中的专业术语进行训练，提高对话精准度。

语音指令：智能硬件语音控制、语音搜索关键词、语音红包等场景，训练固定搭配的指令内容，让控制更精确。

语音录入：农业采集、工业质检、物流快递单录入、餐厅下单、电商货品清点等业务信息语音录入场景，训练业务中的常用词，录入的结果更加有效。

电话客服：运营商、金融、地产销售等电话客服业务场景，使用领域中的专业术语进行训练，提高对话精准度。

（2）声音分类能力

声音分类是指可以识别出当前音频是哪种声音，或者是什么状态/场景的声音。EasyDL 声音分类模型可以区分出不同物种发出的声音，支持对最长 15 s 左右的音频进行处理，在使用 EasyDL 声音分类模型之前，需要将已有的数据进行分段处理。

训练声音分类模型可以在以下应用场景中定制区分不同的声音类型。

安防监控：定制识别不同的异常或正常的声音，用于突发状况预警。

科学研究：定制识别同一物种的不同个体的声音，或者不同物种的声音，协助野外作业研究。

2. EasyDL 语音处理的基本流程

（1）语音识别

定制 EasyDL 语音识别模型的流程如图 10.12 所示。

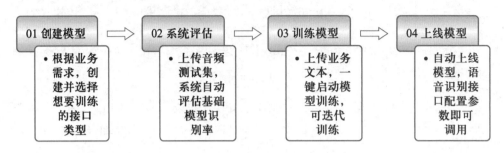

01 创建模型	02 系统评估	03 训练模型	04 上线模型
• 根据业务需求，创建并选择想要训练的接口类型	• 上传音频测试集，系统自动评估基础模型识别率	• 上传业务文本，一键启动模型训练，可迭代训练	• 自动上线模型，语音识别接口配置参数即可调用

图 10.12　定制 EasyDL 语音识别模型的流程

创建模型：选择需要训练的语音识别接口，目前支持训练短语音识别-中文、短语音识别极速版、实时语音识别-中文、呼叫中心语音解决方案接口。

系统评估：上传业务场景中的真实音频和对应的正确标注文本（尽可能覆盖全部的场景），客观科学地评估基础模型的识别率。根据评估结果，系统自动推荐适合的基础模型，可以选择任一基础模型进行训练。

训练模型：上传业务场景中出现的高频词汇或者是长句文本，可以有效提升业务用语的识别率；并可以迭代训练，持续优化。

上线模型：得到满意的训练模型即可申请上线，审批通过自动上线模型。模型上线后，在语音识别的接口中配置模型参数即可使用。

在使用 EasyDL 语音识别前，需要准备好测试集和训练集。

测试集用于评估基础模型识别率和训练后模型识别率，相当于准备一份"标准答案"，包括业务音频和准确的标注文本。如果是针对某些特定场景训练，可只提供几十～几百条该场景的音频测试集，包含希望评估的业务内容即可。

训练集用于语言模型训练，是投入平台进行训练的文本。建议文本要和测试集的内容强相关。训练文本可以放置希望提升识别效果的词汇，如业务上的固定搭配和业务关键词等。影响训练效果的关键因素为"文本出现的频率""上下文的句意理解"等。

（2）声音分类

定制 EasyDL 声音分类模型的流程如图 10.13 所示。

图 10.13　定制 EasyDL 声音分类模型的流程

在声音分类场景中,首先需要明确的是业务场景可能出现的全部声音类型。除了要关注业务场景中需要重点识别出的异常声音分类,还应包括正常的声音。以某服务商接到项目,需要判断出小区附近是否存在较大噪声为例,综合考虑小区附近可能有的声音类型,定制声音分类模型有效区分无噪声、正常噪声如救护车、警车声音、异常噪声如汽车按喇叭等三类声音。

训练集音频需要和实际场景要识别的音频在环境上保持一致,例如,实际场景要识别的音频都是手机录制的,那训练的音频也需要使用手机录制,不能采用网上下载的音频。每个标签的音频需要尽量覆盖实际场景的所有可能性,训练集覆盖的场景越多,模型的泛化能力越强。

检查并优化训练数据,提升模型效果。检查目前欠佳的模型是否存在训练数据过少的情况,建议每个类别的音频量不少于 200 个。在扩充数据中需要一并检查不同类别的数据量是否均衡,建议不同分类的数据量尽量接近。检查测试模型的音频数据与训练数据采集来源是否一致。确认识别错误的音频人耳是否能清晰分辨,模型效果很难超越人耳的识别精度。

体验实践　　·"民族乐器识别"项目开发

源远流长的中华优秀传统文化是我国宝贵的历史遗产,更是国家创造力的源泉。由广东卫视推出的大型音乐竞演节目《国乐大典》创新地从中国传统音乐角度切入,让民族乐器糅合诗词、吟唱等经典,结合现代流行音乐的制作手法,在新颖的赛制承载下展现了中国音乐的文化美感,赋予经典时代性,突破性地表现民族乐器的艺术价值和特色,让民乐得到创新。

假设您是某民乐应用的开发人员,为加强用户对民族乐器的认知,现计划基于 EasyDL 声音分类模型进行"民族乐器识别"项目开发,实现对民族乐器的声音进行自动识别，如图 10.14 所示。

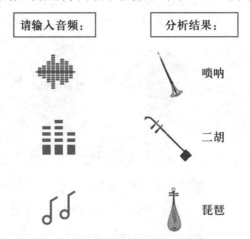

图 10.14 "民族乐器识别"项目实现效果

本案例的实现思路如图 10.15 所示。

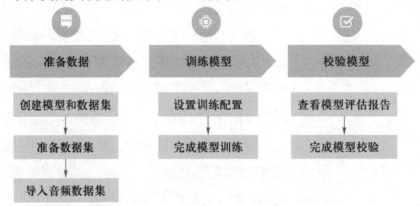

图 10.15 "民族乐器识别"项目实施思路

任务 1 准备数据

本案例可通过 EasyDL 平台完成项目开发，第一个任务为准备数据，实施步骤如图 10.16 所示。

图 10.16 准备数据实施步骤

1. 创建模型和数据集

① 进入 EasyDL 平台，单击"立即使用"按钮，在弹出的"选择模型类型"对话框中选择"声音分类"，如图 10.17 所示。

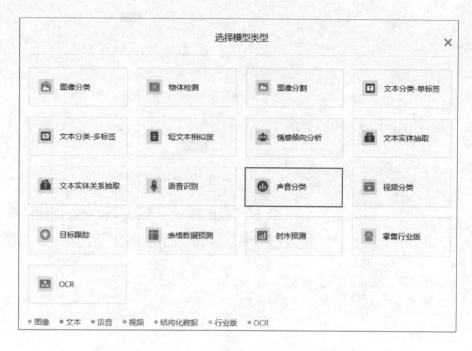

图 10.17 "选择模型类型"对话框

② 进入登录界面，输入账号和密码，即可进入声音模型管理界面。在界面左侧的导航栏中，单击"我的模型"选项卡，单击"创建模型"按钮，进入信息填写界面，如图 10.18 所示。

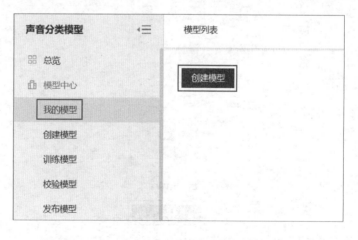

图 10.18 "我的模型"标签页

③ 在"模型名称"文本框中输入"民族乐器识别"，在"业务描述"文本框中输入该模型的作用，其余保持默认。信息填写完成后，单击"完

成"按钮，如图 10.19 所示。

图 10.19　创建模型

④ 在"我的模型"界面即可看到创建的模型。单击"创建"按钮，进入信息填写界面，如图 10.20 所示。

图 10.20　单击"创建数据集"按钮

⑤ 在"数据集名称"文本框中输入"民族乐器识别"，其他保持默认，信息填写完成后，单击"完成"按钮，创建数据集，如图 10.21 所示。

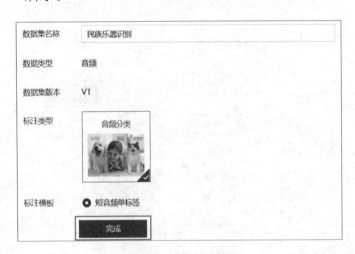

图 10.21　创建数据集

⑥ 数据集创建完成后，即可在"数据总览"界面中看到数据集的信息，包括版本号、标注类型、标注状态等。

2. 准备数据集

① EasyDL 平台对音频数据的要求为"格式为 mp3、m4a、wav，单个音频大小在 4 MB 内，且时长小于 15 s"，根据该要求采集相关民族乐器的音频数据。民族乐器有唢呐、二胡、琵琶、琴、筝、箫、笛、鼓、丝竹等，可根据实际情况采集相应的数据。

② 采集完成的数据，即可进行数据标注并导入平台。根据 EasyDL 平台对音频数据的标注及导入要求，需以文件夹命名进行分类标注，如图 10.22 所示，接着将文件夹压缩为 zip 格式，压缩包大小控制在 5 GB 以内。

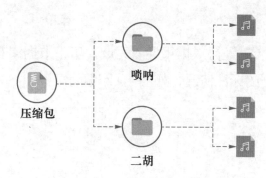

图 10.22 压缩包的目录结构

③ 若无采集条件，则可使用本书配套资源"民族乐器识别数据集"进行实操，该数据集包含训练集和测试集，训练集中含 3 类民族乐器，分别为唢呐、二胡和琵琶，每类乐器各 25 条音频，测试集含 6 条音频数据。

3. 导入音频数据集

① 数据集准备完成后，单击数据集右侧"导入"按钮，进入导入数据界面，如图 10.23 所示。

民族乐器识别 ✎ 数据集组ID: 354072						⏷新增版本 ⊞全部版本 🗑删除
版本	数据集ID	数据量	最近导入状态	标注类型	标注状态	操作
V1 ⊙	955301	0	● 已完成	音频分类	0% (0/0)	多人标注 导入 删除

图 10.23 单击"导入"按钮

② "数据标注状态"选择"有标注信息"单选按钮，在"导入方式"下拉列表框中选择"本地导入""上传压缩包"选项，"标注格式"

选择"以文件夹命名分类"单选按钮,接着单击"上传压缩包"按钮,如图10.24所示。

③ 选择准备好的压缩包上传。上传完成后,单击"确认并返回"按钮,如图10.25所示。

图10.24 设置数据导入的方式　　　　　图10.25 单击"确认并返回"按钮

④ 等待数据集导入完成,单击数据集右侧"查看"按钮,可查看数据的标注情况,如图10.26所示。

图10.26 数据集导入"已完成"界面

⑤ 进入界面后,单击界面上方的"有标注信息(75)"选项卡,可以看到该数据集总共有 3 个标签,以及各个标签对应的数据量,如图10.27所示。

图10.27 查看数据的标注情况

任务 2　训练模型

数据标注完成后，即可通过 EasyDL 平台设置模型训练的相关参数，启动模型训练，实施步骤如图 10.28 所示。

图 10.28　训练模型实施步骤

1.　设置训练配置

① 单击左侧导航栏"训练模型"选项卡，跳转至训练配置界面。在"选择模型"下拉列表框中选择"民族乐器识别"模型；其余选项保持默认，如图 10.29 所示。

图 10.29　设置训练配置

② 设置好训练配置后，即可添加数据。单击"请选择"按钮，在弹出的窗口中选择"民族乐器识别 V1"数据集，单击"确定"按钮进

行添加，如图 10.30 所示。

图 10.30　添加数据

　　③ 添加完数据之后若能在训练模型界面中查看到所选数据集、版本以及对应的标签数量，则表示数据添加完成。接着单击"开始训练"按钮，即可开始模型训练，如图 10.31 所示。

图 10.31　开始训练模型

2.　完成模型训练

　　75 条音频数据大概需要 15 分钟进行模型训练。约 15 分钟后，刷新界面，若训练状态更新为"训练完成"，表示模型已经训练完成，如图 10.32 所示。

图 10.32　模型训练完成

任务3 校验模型

模型训练完成后，可以查看模型评估报告，了解“民族乐器识别”模型的训练效果，并通过测试集进行校验，查看模型的预测结果，其实施步骤如图 10.33 所示。

校验模型
查看模型评估报告
完成模型校验

图 10.33　校验模型实施步骤

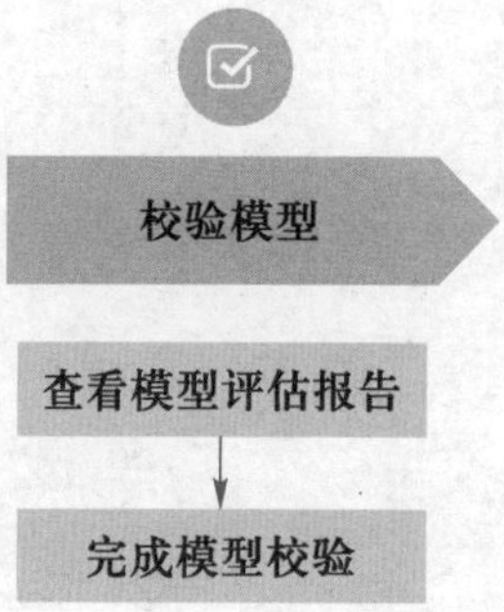

1. 查看模型评估报告

① 模型训练完成后，在“模型效果”中可以看到模型的准确率，单击“完整评估结果”按钮即可查看模型的评估报告，如图 10.34 所示。

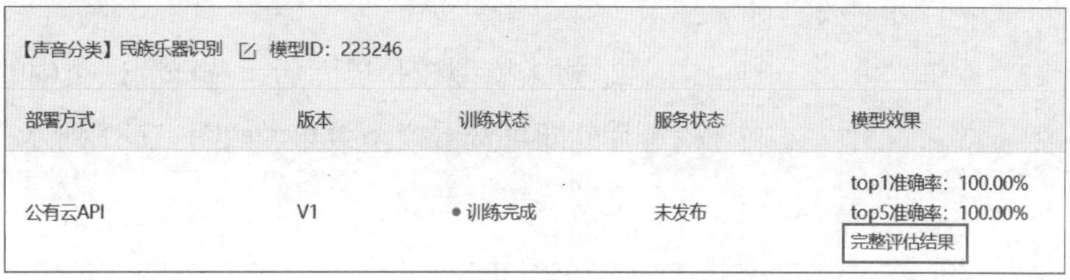

【声音分类】民族乐器识别　模型ID：223246
部署方式
版本
训练状态
服务状态
模型效果
公有云API
V1
训练完成
未发布
top1准确率：100.00%
top5准确率：100.00%
完整评估结果

图 10.34　查看完整评估结果

② 在模型评估报告界面，可以查看模型训练整体的情况说明，包括基本结论、准确率和 F1-score。从评估报告可知，模型“民族乐器识别 V1”的效果优异，如图 10.35 所示。

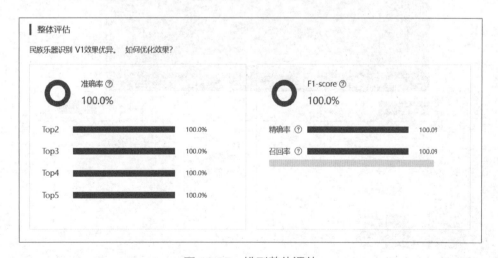

整体评估
民族乐器识别 V1效果优异。　如何优化效果?
准确率
100.0%
Top2　100.0%
Top3　100.0%
Top4　100.0%
Top5　100.0%
F1-score
100.0%
精确率
召回率

图 10.35　模型整体评估

2. 完成模型校验

① 单击左侧导航栏"校验模型"选项卡，在"选择模型"下拉列表框中选择"民族乐器识别"，单击"启动模型校验服务"按钮，等待3～5分钟即可进入模型校验界面，如图10.36所示。

图 10.36　启动模型校验

② 进入模型校验界面后，选择测试集中的某一条音频数据上传，稍等片刻即可查看模型效果，如图10.37所示。从识别结果可知，模型的预测结果较为准确。

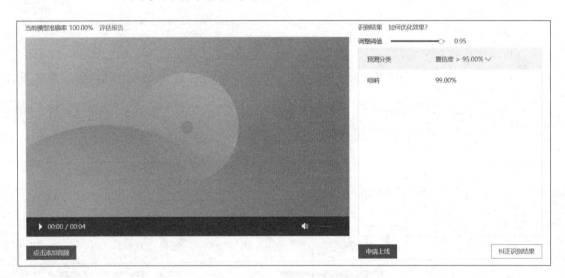

图 10.37　进行模型校验

 小结与测试

通过学习本项目，加深了对智能语音技术定义的理解，并对语音识

别、语音合成、语音评测及声纹识别这几个常见的智能语音技术加以理解，了解智能语音技术在驾驶、金融、教育、医疗等领域中的应用场景。能通过 EasyDL 语音模型来开发声音分类模型训练识别项目。

◆ 自我测试

通过小组协助，收集小组内成员的语音数据集，标签可设置为成员姓名，利用 EasyDL 声音分类模型，尝试训练得到一个能够通过声音分辨人员的模型。

郑重声明

高等教育出版社依法对本书享有专有出版权。任何未经许可的复制、销售行为均违反《中华人民共和国著作权法》，其行为人将承担相应的民事责任和行政责任；构成犯罪的，将被依法追究刑事责任。为了维护市场秩序，保护读者的合法权益，避免读者误用盗版书造成不良后果，我社将配合行政执法部门和司法机关对违法犯罪的单位和个人进行严厉打击。社会各界人士如发现上述侵权行为，希望及时举报，我社将奖励举报有功人员。

反盗版举报电话 （010）58581999　58582371

反盗版举报邮箱 dd@hep.com.cn

通信地址 北京市西城区德外大街 4 号　高等教育出版社法律事务部

邮政编码 100120

读者意见反馈

为收集对教材的意见建议，进一步完善教材编写并做好服务工作，读者可将对本教材的意见建议通过如下渠道反馈至我社。

咨询电话 400-810-0598

反馈邮箱 zz_dzyj@pub.hep.cn

通信地址 北京市朝阳区惠新东街 4 号富盛大厦 1 座　高等教育出版社总编辑办公室

邮政编码 100029

防伪查询说明

用户购书后刮开封底防伪涂层，使用手机微信等软件扫描二维码，会跳转至防伪查询网页，获得所购图书详细信息。

防伪客服电话 （010）58582300

学习卡账号使用说明

一、注册/登录

访问 http://abook.hep.com.cn/sve，点击"注册"，在注册页面输入用户名、密码及常用的邮箱进行注册。已注册的用户直接输入用户名和密码登录即可进入"我的课程"页面。

二、课程绑定

点击"我的课程"页面右上方"绑定课程"，在"明码"框中正确输入教材封底防伪标签上的 20 位数字，点击"确定"完成课程绑定。

三、访问课程

在"正在学习"列表中选择已绑定的课程，点击"进入课程"即可浏览或下载与本书配套的课程资源。刚绑定的课程请在"申请学习"列表中选择相应课程并点击"进入课程"。

如有账号问题，请发邮件至：4a_admin_zz@pub.hep.cn。